普天之下・盡是好書
普天 出版家族
Popular Press Family
凌雲 文創
A Plus Creative Company

The Art of War

孫子兵法

活用兵法智慧，才能為自己創造更多機

三十六計

三國奇謀妙計

《孫子兵法》說：

「善戰者立於不敗之地，
而不失敵之敗也。是故勝兵先勝，而後求戰；
敗兵先戰，而後求勝。」

確實如此，善於心理作戰的聰明人，都不會錯過打敗敵人的良機，
也不會坐待敵人自行潰敗。
不管任何形式的競爭都必須具備一定的競爭謀略，
從不斷變化的情勢看準有利的機會迅速出手，為自己牟取最大的利益。

唯有靈活運用智慧，才能為自己創造更多機會，想在各種戰場上克敵制勝，
《孫子兵法》與《三十六計》絕對是你必須熟讀的人生智慧寶典。

Thick Black Theory is a philosophical treatise written by Li Zongwu,
a disgruntled politician and scholar born at the end of Qing dynasty.
It was published in China in 1911, the year of the Xinhai revolution,
when the Qing dynasty was overthrown.

The Art of War

Thick Black Theory is a philosophical treatise written by Li Zongwu,
a disgruntled politician and scholar born at the end of Qing dynasty.
It was published in China in 1911, the year of the Xinhai revolution,
when the Qing dynasty was overthrown.

羅

【出版序】

活用兵法智慧，才能為自己創造更多機會

唯有靈活運用智慧，才能為自己創造更多機會，想在各種戰場上克敵制勝，《孫子兵法》與《三十六計》絕對是你必須熟讀的人生智慧寶典。

《孫子兵法．始計篇》說：「夫未戰而廟算勝者，得算多也；未戰而廟算不勝者，得算少也。多算勝，少算不勝，而況於無算乎！」

不管做任何事，事先都要有周密的計劃和盤算，充分估量利弊得失之後，才有可能取得寶貴的勝利。必須根據不同的情勢靈活運用智謀，出其不意、攻其不備，才能以最小的代價獲取最大的利益。

活在競爭激烈的現實社會，唯有靈活運用智慧，才能爲自己創造更多機會。聰明人必須根據不同的情勢，採取相應的對戰謀略，不管伸縮、進退，都應該進行客

觀的評估，千萬不要錯估形勢，讓自己一敗塗地。

《孫子兵法》是中國古代兵書的經典之作，是軍事智慧的菁華，古今中外的軍事家研究軍事問題、指揮軍隊作戰，莫不以《孫子兵法》爲範本。

《三十六計》是與《孫子兵法》齊名的經典奇書，集歷代兵法、韜略、計謀之大成，並且融合《易經》理論，推演出各種對戰關係的相互轉化，每一計都靈活多變，只要能巧妙運用，就無異於掌握致勝的關鍵！

《三十六計》萃取《孫子兵法》的謀略精華，著重於實際運用，對戰計謀多變，更涉及性格的強化、心境的調整、能力的提升、經驗的累積、人脈的增長、競爭優勢的確立……等各個層面，不僅適用在軍事領域，更廣泛運用於各種領域的競爭，只要多加學習，必定讓自己受益無窮。

在中國歷史長河中，三國無疑是一段複雜紛繁、英雄輩出又精采絕倫的歷史，天下大亂，群雄割據爭霸，造就了一大批卓越的政治家、謀略家、軍事家，無疑是運用謀略智慧最突出的一段歷史。

以三國歷史爲素材加以演繹的《三國演義》被稱爲第一才子書，作者羅貫中根據《三國志》中的歷史事件，融入大量民間傳說，可說計謀迭出，精采紛呈。《三國演義》中幾次決定性的戰役，無不以謀略來決定勝負，例如：官渡之戰、赤壁之戰、彝陵之戰……等。可以這麼說，謀略貫穿於整部《三國演義》。

正因爲如此，有人把《三國演義》看成是一部兵書，也有人把《三國演義》視爲一部智謀全書。

官渡之戰，袁強曹弱，但曹操精於謀略，細心籌劃，以「圍魏救趙」之計抄了袁紹的後路，再以火攻燒了糧草，一舉挫敗袁紹，統一北方。

在赤壁之戰，曹操以百萬之師大舉南下，打算統一天下。不料，東吳都督周瑜在諸葛亮幫助下施展連環套計，一舉打敗了曹操，使曹操統一天下的希望化成泡影。

再如彝陵之戰，陸遜謀略得當、戰術正確，用以逸待勞之法大敗蜀軍，幾乎活捉劉備，不但挽救了東吳，也奠定了自己的地位。

另外，《三國演義》中出現了了幾位超級謀略大師。

曹操是不折不扣的謀略大師，在歷史舞台上和敵人鬥智鬥力，刺董卓、殺呂布、戰官渡、征烏桓、得荊州、間馬超……戎馬一生，惟一失敗之處就是在赤壁之戰遭遇諸葛亮和周瑜聯手反擊。

諸葛亮是堪稱是智慧的化身，如隆中對、舌戰群儒、空城計、三氣周瑜、七擒孟獲、智鬥司馬懿……演繹了一系列膾炙人口的精采故事。

周瑜和陸遜是東吳名將，一個打敗了不可一世的曹操，一個戰敗了世之梟雄劉備。尤其是周瑜在赤壁之戰時苦肉計、反間計、火燒連環船，計計相連，把善於用計、善於謀劃的曹操殺得幾乎喪命。

此外，賈詡、呂蒙、司馬懿、鄧艾……等等都是三國中的謀略家，就連關羽、張飛、趙雲偶爾也會神來一筆。

《孫子兵法》說：「善戰者立於不敗之地，而不失敵之敗也。是故勝兵先勝，而後求戰；敗兵先戰，而後求勝。」

確實如此，善於心理作戰的聰明人，都不會錯過打敗敵人的良機，也不會坐待敵人自行潰敗。不管任何形式的競爭都必須具備一定的競爭謀略，從不斷變化的情勢看準有利的機會迅速出手，為自己牟取最大的利益。

唯有靈活運用智慧，才能為自己創造更多機會，想在各種戰場上克敵制勝，《孫子兵法》與《三十六計》絕對是你必須熟讀的人生智慧寶典。

・勝戰計・

•敵戰計•

‧攻戰計‧

・混戰計・

‧並戰計‧

・敗戰計・

勝戰計

【原文】

六六三十六，數中有術，術中有數。
陰陽燮理，機在其中。
機不可設，設則不中。

【注釋】

六六三十六：蘇洵在《嘉佑集．太玄論》說：「太玄之策，三十有六。」策，計謀、策略。指《三十六計》有軍事謀略六大類，每一大類包括六小類，共有六六三十六個計謀。三十六之數，從易經數理。

數：易數，天地變易生之理。

術：方法、手段、權謀。

陰陽燮理：事物對立統一、相反相成的規律。

機：機變、天機、機會。

設：主觀生造。

中：成功、實現。

【譯文】

《三十六計》共有勝戰計、敵戰計、攻戰計、混戰計、並戰計、敗戰記六個大類，每一大類又有六小類，構成三十六這個變易之數。數的變易之中包含術法，術法之中也包括數的變易。陰和陽交替運作，運作中生化出天然機變。機變是天然的，不可人爲設計，人爲設計的，是無法運作成功的。

《三十六計》全書以《易經》爲依據，引用《易經》二十七處，涉及六十四卦中的二十二個卦。根據其中的陰陽變化，推演出一套適用於兵法的剛柔、奇正、攻防、彼己、主客、勞逸等對立轉換變化。

《三十六計》萃取《孫子兵法》的謀略精華，集歷代兵法、韜略、計謀之大成，著重於實際運用，對戰計謀多變，更涉及性格的強化、心境的調整、能力的提升、經驗的累積、人脈的增長、競爭優勢的確立……等各個層面，不僅適用在軍事領域，更廣泛運用於各種領域的競爭。

只要多加學習，必定讓自己受益無窮。

【第1計】

瞞天過海

【原文】

備周則意怠，常見則不疑。陰在陽之內，不在陽之對。太陽，太陰。

【注釋】

備周則意怠：備，防備。周，周密、周到。意，意志、思想。怠，懈怠、鬆懈。句意爲：防備十分周密，容易使自己有恃無恐，意志鬆懈。

陰在陽之內，不在陽之對：陰，這裡指的是秘密謀略。陽，這裡指公開的行動。對，對立、相反的方面。全句意思爲：秘密的謀略就隱藏在公開的行動之中，而不與公開行動相對立。

太陽、太陰：太，這裡是指極端、特別、非常之意。此句意思爲：在最公開的行動裡，往往隱藏著最秘密的陰謀。

【譯文】

自認爲防備十分周密，容易使人產生麻痹鬆懈的心理，對於那些司空見慣的事，就不再心生懷疑。秘密、陰謀往往隱藏在公開的活動中，而不是與公開、曝露的事物相互對立。非常公開的行動，往往蘊藏著非常的機密。

【計名探源】

「瞞天過海」的典故出於《永樂大典．薛仁貴征遼事略》。唐貞觀十七年，唐太宗御駕親征，領三十萬大軍遠征遼東。大軍浩浩蕩蕩來到海邊，唐太宗見眼前大浪滔天，茫茫無窮，忙向衆將詢問過海之計，衆將面面相覷，無計可施。忽然，一個近居海上之人請求見駕，並聲稱他家已經獨備三十萬大軍過海軍糧。

唐太宗大喜，便率百官隨這人來到海邊。只見家家戶戶皆用彩幕遮圍，分外嚴密。這人引唐太宗入室，室內皆是繡幔錦彩，茵褥鋪地，百官入座，宴飲甚樂。

不久，風聲四起，波響如雷，杯盞傾側，良久不止。唐太宗大驚，忙令近臣揭開彩幕察看，一看愕然，眼前一片蒼茫海水，渺無涯際，哪裡是在百姓家裡作客，大軍竟然已航行於大海之上了！

原來，這個人是新招壯士薛仁貴假扮。這裡的「天」指的是天子，瞞著天子，在不受驚嚇的情況下渡過大海，比喻欺瞞的手段十分高明。「瞞天過海」用在軍事上，是一種示假隱眞的疑兵之計，通過戰略僞裝，達到出其不意的戰鬥效果。

曹操與劉備煮酒論英雄

劉備以為自己的韜光養晦之計被識破，驚得手中筷子落到地上。恰好外面雷聲大作，劉備便適時借雷電掩飾過去，令曹操以為他胸無大志，不再警惕。

曹操出兵徐州擊敗呂布後，班師回許都，表奏劉備軍功。漢獻帝問及劉備的家世，得知他系出漢景帝，按世譜排輩份算是自己的叔叔，便敘叔侄之禮，拜劉備爲左將軍、宜城亭侯，從此稱劉備爲「劉皇叔」。

劉備暗中與董承、王子服、馬騰等人結成反曹聯盟，準備進行暗殺活動。爲防曹操對自己起疑，劉備就在住處後園種菜，每日澆灌，以掩曹操耳目。

某一天，關羽、張飛外出，劉備正在後園澆菜，曹操派張遼和許褚帶數十人來到菜園，對他說：「丞相有命，請劉皇叔過府一敘。」

劉備內心驚疑，問道：「有何急事？」

許褚說：「不知，丞相只吩咐我們來請劉皇叔。」

劉備只得隨二人入府見曹操。曹操笑道：「玄德，看看你都做了什麼好事！」

這話嚇得劉備面色如土。

曹操拉著劉備的手，直至後園，說道：「玄德學圃不易。」

劉備這才放下心來，答道：「只是無事消遣罷了。」

曹操說：「適才我見到枝頭梅子青青，忽然想起去年征討張繡時，有過一段『望梅止渴』的經歷，又值煮酒正熟，因而特地邀請使君到小亭一敘。」

劉備聽了這話，心神方才安定。隨即，兩人到了小亭開懷暢飲。

酒至半酣，忽然天空烏雲密佈，大雨將至。天外風起雲湧，其勢如龍，曹操與劉備憑欄觀望，曹操問劉備說：「使君知道龍的變化嗎？」

劉備說：「不知其詳。」

曹操說：「龍能大能小，能升能隱；大的時候能興雲吐霧，小的時候能隱身藏形；升則飛騰於宇宙之間，隱則潛伏於波濤之內。現在正值春深，龍乘時變化，就像人得志而縱橫四海一樣。龍可比世上之英雄，使君久歷四方，見多識廣，必知當世英雄，不妨說說。」

劉備說：「淮南袁術，兵精糧足，可爲英雄？」

曹操笑著說：「塚中枯骨，我早晚必擒之！」

劉備說：「河北袁紹，四世三公，門多故吏，今虎踞冀州之地，部下能事者極多，可爲英雄？」

曹操笑著說：「袁紹色厲膽薄，好謀無斷；幹大事而惜身，見小利而忘命，非英雄也。」

劉備說：「有一人名稱八俊，威鎮荊州的劉表可以爲英雄？」

曹操說：「劉表這人徒有虛名，非英雄也。」

劉備說：「有一人血氣方剛，江東領袖孫策算是英雄嗎？」

曹操說：「孫策藉其父孫堅之名，非英雄也。」

劉備說：「益州劉璋稱得上英雄嗎？」

曹操說：「劉璋雖是宗室，乃守戶之犬耳，何足爲英雄！」

劉備又說：「張繡、張魯、韓遂這些人如何？」

曹操撫掌大笑道：「這幾位更是碌碌小人，何足掛齒！所謂英雄，是指胸懷大志，腹有良謀，有包藏宇宙之機，吞吐天地之志的人。」

劉備說：「這樣的人，誰能當得起？」

曹操用手指了指劉備，然後又指了指自己，說道：「當今天下，能稱得上英雄的，就只有使君與我曹操罷了！」

劉備聞言，大吃一驚，手中的筷子不覺落於地下。當時正值大雨將至，雷聲轟隆大作，劉備從容拾起筷子說：「雷震之威，竟至於此。」

曹操說：「大丈夫也懼怕雷嗎？」

劉備說：「聖人遇到這種情況尚且動容變色，我劉備怎能不畏懼呢？」

筷子掉在地上的眞正緣故，被劉備輕輕掩飾過了，曹操也就不再疑惑了。

當曹操對劉備提出的英雄一一否定，指著自己和劉備說「天下英雄，惟使君與操耳」，劉備以爲自己的韜光養晦之計被識破，驚得手中筷子落到地上。恰好外面雷聲大作，劉備便適時借雷電掩飾過去，令曹操對他毫無懷疑，以爲他胸無大志，不再警惕，導致不久之後縱虎歸山。

諸葛亮草船借箭

草船借箭，是諸葛亮軍事運籌中的得意之作，談笑間蒙周瑜、騙曹操，可謂瞞天過海之計的上乘典範。

赤壁之戰前夕，蔣幹奉命到東吳軍營刺探軍情，周瑜則用反間計除掉了曹軍的水軍都督蔡瑁、張允。不料，此計被諸葛亮識破，周瑜料定諸葛亮日後必定是東吳大患，想要藉機殺掉他，於是派魯肅請諸葛亮前來議事。

諸葛亮欣然而至，寒暄禮畢，周瑜問諸葛亮：「即日將與曹軍交戰，水路交兵之時，當以何種兵器為先？」

諸葛亮答道：「大江之上，以弓箭為先。」

周瑜道：「先生之言，甚合我意。但今軍中正缺箭用，敢煩請先生監造十萬枝箭，以為應敵之用。此係公事，請先生不要推卻。」

諸葛亮說：「都督委任，自當效勞。敢問十萬枝箭何時要用？」

周瑜問：「十日之內，可能完成否？」

諸葛亮答道：「曹軍不日將至，若候十日，恐怕耽誤大事。」

周瑜又問：「先生幾日可完辦？」

諸葛亮答道：「只消三日，便可獻上十萬枝箭。」

周瑜道：「軍中無戲言。」

諸葛亮答：「我怎敢戲弄都督！願立軍令狀，三日不辦成，甘當重罰。」

周瑜大喜，喚軍政司當面取了文書，置酒相待，諸葛亮飲酒數杯後便告辭。

魯肅知道周瑜要加害諸葛亮，便前來探望。諸葛亮向魯肅借二十艘船，每船要軍士三十人，船上皆用青布為幔，各束草人千餘個，分佈兩邊。

魯肅允諾，私下撥給諸葛亮快船二十艘，每船三十餘人，並附上布幔、束草等物，盡皆齊備，聽候調用。第一日卻不見諸葛亮有什麼動靜，第二日也沒什麼動靜，至第三日四更時分，諸葛亮才密請魯肅到船中。

魯肅問諸葛亮：「孔明召我來何意？」

諸葛亮答道：「特請子敬同往取箭。」

魯肅問：「何處去取？」

諸葛亮答道：「子敬休問，前去便知。」接著下令將二十隻船用長索相連，逕往北岸進發。

是夜大霧漫天，長江之中霧氣更甚，對面不能相見，諸葛亮催促舟船前進。五更時候，船隊已接近曹操水寨。孔明教士兵把船隻頭西尾東一字擺開，命人在船上擂鼓吶喊。

魯肅驚道：「倘若曹操出兵，如何拒之？」

諸葛亮笑道：「我料曹操見大霧籠罩，必不敢出兵。我們只顧飲酒取樂，待霧散便回去。」

曹軍在寨中聽得擂鼓吶喊，都督毛玠、于禁二人慌忙飛報曹操。曹操傳令：「大霧迷江，敵軍忽至，必有埋伏，切不可輕動。可撥水軍弓弩手亂箭射之。」又派人往旱寨喚張遼、徐晃各帶弓弩手三千，火速到江邊助射。

毛玠、于禁怕東吳軍士搶入水寨，急忙調派弓弩手在寨前放箭。不一會兒，旱寨內的弓弩手也到，約一萬餘人，一齊向江中放箭，箭如雨發。孔明見狀，命人把船隻調頭，頭東尾西，逼近水寨受箭，一面擂鼓吶喊。

等到日出霧散，孔明下令收船返回。二十艘船兩邊束草上排滿了箭枝，孔明又令各船上軍士齊聲叫喊：「謝丞相贈箭！」

等到曹操得知被擺了一道，諸葛亮已和魯肅率船返回了。

諸葛亮不費江東半分之力，便借得十萬餘枝箭。魯肅讚嘆說：「先生眞神人也！何以知今日會有如此大霧？」

諸葛亮答道：「爲將而不通天文，不識地利，不知奇門，不曉陰陽，不看陣圖，不明兵勢，是庸才也。我於三日前已算定今日有大霧，因此敢擔保三日完成。」

船到岸時，十餘萬枝都搬入中軍帳交納。魯肅入見周瑜，述說諸葛亮取箭之事。周瑜大驚，慨然歎道：「諸葛亮神機妙算，我不如也！」

草船借箭，是諸葛亮軍事運籌中的得意之作，不管故事是小說家的杜撰，還是後人的演繹，都值得玩味，諸葛亮談笑間蒙周瑜、騙曹操，可謂瞞天過海之計的上乘典範。

【第2計】

圍魏救趙

【原文】

共敵不如分敵，敵陽不如敵陰。

【注釋】

共敵、分敵：這裡是指集中的敵人與分散的敵人。

敵陽、敵陰：敵，攻打。陽，這裡是指公開、正面、先發制人。陰，這裡是指隱蔽、側面、後發制人。敵陽不如敵陰，意指正面攻敵，不如從側面攻敵。

【譯文】

與其正面攻打強大而集中的敵人，不如先用計謀分散對方的兵力，然後各個擊破；與其主動出兵攻打敵人，不如迂迴到敵人虛弱的後方，伺機殲滅敵人。

【計名探源】

「圍魏救趙」典故出自《史記．孫子吳起列傳》，記載戰國時期齊國與魏國的桂陵之戰。

西元前三五四年，魏惠王派大將龐涓前去攻打中山國。中山國是魏國北面的小國，臣服於魏國，後來趙國乘機用武力佔領。龐涓認為中山不過是彈丸之地，距離趙國又很近，不如直接攻打趙國都城邯鄲，既可以解舊恨又一舉兩得。魏王立即撥五百戰車，以龐涓為將，直奔趙國圍攻邯鄲。

趙王見形勢危急，求救於齊國，齊威王令田忌為將、孫臏為軍師，領兵出發。孫臏與龐涓是師兄弟，對用兵之法諳熟精通。田忌想率兵直奔邯鄲，孫臏制止他說：「解亂絲結繩，不能用拳頭去打；排解爭鬥，不能參與搏擊，平息糾紛要抓住要害，乘虛取勢，雙方因受到制約才能分開。現在魏國精兵傾巢而出，倘若我們直攻魏國，那龐涓必回師解救，這樣一來邯鄲之圍就會化解。我們再於龐涓歸路中途伏擊，其軍必敗。」

田忌依計而行，魏軍果然離開邯鄲，回途中又遭伏擊，與齊軍戰於桂陵。魏軍長途跋涉已經疲憊，遭到伏擊後潰不成軍，龐涓勉強收拾殘部退回大梁。齊師大勝，這便是歷史上有名的「圍魏救趙」。

曹操圍魏救趙擊敗袁紹

曹操採取了正確的戰略戰策，用「圍魏救趙」之計，避開了袁紹正面強大的攻勢，率精兵燒掉了袁軍的糧草，使其不戰自亂。

東漢末年，各方軍閥擁兵自重謀奪天下。袁紹出身官宦世家，號稱四世三公，消滅公孫瓚之後，佔據黃河以北的龐大地盤，兵精糧足，大有統一天下之勢。此時，曹操把持著漢朝的政治中心許昌，爲了消滅曹操，袁紹率軍南下，與曹操在官渡展開了決戰。

兩軍第一次交鋒，曹操因寡不敵衆，被袁紹殺得大敗而歸。袁紹移軍逼近官渡下寨，並在曹操寨前築起五十餘座土山，分撥弓弩手晝夜射箭，控制了曹軍的咽喉要路。

曹軍大受威脅，曹操急向衆謀士問計，劉曄獻計曰：「可造發石車來破袁軍的弓箭手。」

劉曄獻上發石車的模型，曹操令人連夜造發石車數百乘，分佈營內，正對著土山上的雲梯，等袁軍的弓箭手射箭時，拽動石車，炮石飛空，四處亂打，袁軍弓箭手無處躲藏。

袁紹又令士兵暗打地道，直透曹營。曹操聞報，連夜差軍繞營掘長塹，兩軍你來我往僵持不下。

一日，曹操的大將徐晃抓到袁軍一名細作，經審問得知袁將韓猛運糧將至。曹操下命徐晃前去劫糧，結果大獲全勝。

袁紹見敗軍還營大怒，審配說：「行軍以糧食爲重，不可不用心提防，烏巢乃屯糧之處，必用重兵守之。」

於是，袁紹遣大將淳于瓊率二萬人馬守烏巢。不料，淳于瓊生性好酒，到烏巢後終日與諸將飲酒爲樂。

曹袁兩軍相持數月餘，曹操軍糧告急，派人往許昌籌辦糧草。使者行至半路被袁軍截獲，當下搜出曹操催糧書信。許攸對袁紹說：「曹操屯軍官渡已久，許昌必定空虛。若趁曹操糧草已盡，兵分兩路，許昌可取，曹操可擒。」

袁紹卻說：「曹操詭計多端，恐怕這封書信是誘敵之計。」

許攸勸袁紹說：「現在不趁機破曹，就有被曹操擊敗的可能。」

袁紹非但不聽，還認為許攸有意欺騙他，說道：「你與曹操早就認識，一定是受了曹操的賄賂，為曹操充當奸細，本當斬首，今權且留你一條性命。」

許攸仰天長歎道：「忠言逆耳，不可與其共謀大事。」當天夜晚直奔曹營。

曹操聽說許攸半夜前來，大喜，來不及穿鞋，光著腳出來迎接。許攸道：「我為袁紹出謀劃策，但他言不聽計不從，所以特來投效故人，希望您能收留我。」

曹操高興地說：「有您在這裡，一切事都好辦了！」並且馬上向許攸請教破袁紹之計。

許攸道：「我曾叫袁紹用輕騎乘虛奇襲許昌，首尾相攻。」

曹操大驚說：「如果真是如此，我的大事就失敗了。」並拉著許攸的手說：「子遠，你很看重我們舊日的友情，你肯為我出個良策嗎？」

許攸說：「袁紹的軍糧輜重，全都囤積在烏巢，現今派淳于瓊把守。淳于瓊嗜酒而又沒有戒備，您可選精兵，詐稱袁將蔣奇領兵到他們那裡護糧，乘機燒毀糧草輜重，那麼袁軍過不了三天，便不戰自亂。」

曹操大喜，第二天親自挑選了五千名騎兵，準備前往烏巢劫糧。張遼說：「袁紹屯糧之所，怎麼沒有防備呢？丞相不可輕往，恐怕許攸有詐。」

曹操卻說：「許攸這次來，是上天要敗亡袁紹。現在我軍糧草供給困難，難以維持，如果不用許攸之計，只能坐以待斃。如許攸有詐，又怎肯留在寨中？」

張遼又說：「既如此，也要防止袁軍乘機襲營。」

曹操笑著說：「我早已準備好了。」下令荀攸、賈詡、許攸與曹洪守大寨，夏侯惇、夏侯淵領兵在左側埋伏，曹仁、李典領兵在右側埋伏。佈置妥當後，命令張遼、許褚在前，徐晃、于禁在後，曹操帶領諸將居中，打著袁軍旗號，軍士皆負柴草，人銜枚，馬勒口，向烏巢進發。

曹操領兵夜行，經過袁紹的別寨，寨兵問是何處軍馬，曹操讓人回答說：「蔣奇奉命往烏巢護糧。」

袁軍見到自家旗號，絲毫沒有戒心。這樣經過數座營寨，都沒受到阻礙。

等到了烏巢，四更已盡。曹操命令將捆好的柴草點著，圍著烏巢高舉火把，眾將校擊鼓高喊逕自衝去。

這時，淳于瓊正醉臥帳中，聽到擊鼓和吶喊之聲，連忙跳起身問：「爲什麼喧鬧？」話沒說完，早被撓鉤拖翻。

袁紹部將眭元進、趙睿運糧剛剛回來，見糧囤起火，急忙救應。曹軍飛報曹操說：「賊兵已到大軍後面，請分兵阻擋。」

曹操大聲喝道：「諸將只顧奮力向前，等到賊兵殺到背後，才可以轉身迎敵！」於是，衆軍兵爭先掩殺。

一時間，火焰四起，煙彌夜空。眭、趙二將驅兵來救，曹軍勒馬回身大戰，二將抵擋不住，全被曹軍所殺，糧草也都被燒盡。淳于瓊被擒，曹操命人割去他的耳朵、鼻子和手指，再把他捆在馬上，放回袁紹營中，存心侮辱袁軍。

袁紹聽報告說正北方向火光滿天，知道烏巢失守，急忙走出大帳召集文武官員商議派兵援救。

張郃說：「我與高覽同去救助。」

郭圖說：「不可，曹軍劫糧，曹操必然親自前往，軍寨必定空虛，可以率兵襲擊曹操軍寨，曹操聽到，必定速歸。這是孫臏圍魏救趙之計啊。」

張郃說：「曹操足智多謀，外出之前必然做了防備，如果攻擊曹操不成功，我們也要被擒。」

郭圖說：「曹操只顧劫糧，難道還會留兵在大寨嗎？」再三主張劫曹營。

於是，袁紹派張郃、高覽率五千兵馬去攻打曹營，派蔣奇領兵一萬去救烏巢。

曹操殺散淳于瓊軍兵，盡數繳獲衣甲旗幟，佯裝淳于瓊的部下敗退回寨。走到山僻小路，正好與蔣奇的軍馬相遇。

蔣奇措手不及，被張遼斬於馬下，曹操將蔣奇之兵斬盡殺絕，又派人謊稱：「蔣奇已殺散了曹兵。」

袁紹因此不再派兵接應烏巢，只向官渡增兵。

張郃、高覽攻打曹營，左邊夏侯惇、夏侯淵，右邊曹仁、李典，以及中路的曹洪，一齊衝出，袁軍大敗。不久，曹操又從背後殺來，張郃、高覽死戰逃脫，緊急回報袁紹。

袁紹身邊這些人，除了張郃、高覽忠心耿耿外，其餘全是奸詐小人。張郃、高覽大敗而歸，郭圖怕兩人對證是非，便用計誣陷兩人。張郃、高覽無法澄清事件眞相，無奈投降了曹操。

袁紹失去了許攸、張郃、高覽，又丟了烏巢糧，軍心惶惶。當晚三更時分，曹軍出動三路大軍劫袁寨，混戰到天明，袁軍損失大半。荀攸向曹操獻計說：「現在可以揚言，說調撥人馬一路取酸棗，攻鄴郡；一路取黎陽，斷袁兵歸路。袁紹聞知，必然分兵拒守。我方可乘兵動時擊之，袁紹可破。」

曹操用其計，袁紹聽說果然大驚，急遣袁譚、辛明分兵援救鄴郡、黎陽。曹操分派八路大軍，直衝袁紹大營。袁軍全無鬥志，四散奔走。袁紹披甲不迭，曹軍張遼、許褚、徐晃、于禁四員戰將率軍追趕。袁紹急忙渡河，圖書、車仗、金帛全部丟棄，只帶著八百餘騎逃出。

曹操盡獲所遺之物，所殺計八萬餘人，血流盈溝，溺水死者不計其數。

縱觀此次戰役，曹操採取了正確的戰略戰策，用「圍魏救趙」之計，避開了袁紹正面強大的攻勢，率精兵燒掉了袁軍的糧草，使其不戰自亂。

【第3計】

借刀殺人

【原文】

敵已明，友未定，引友殺敵，不自出力，以《損》推演。

【注釋】

敵已明，友未定：指打擊的敵對目標已經明確，而盟友的態度卻尚未確定。

引友殺敵：引，引誘。引友殺敵，即引誘盟友的力量去消滅敵人。

以《損》推演：根據《損卦》中「損下益上」、「損陽益陰」的卦象推演。

【譯文】

行軍作戰時，若是敵方已經明確，而盟友的態度還未明朗，就要設法誘，使盟友去消滅敵人，不必自己付出代價，這是根據《損》卦推演出來的。

【計名探源】

借刀殺人，是為了保存自己的實力而巧妙利用矛盾的謀略。當敵方動向已明，就千方百計誘導態度曖昧的友方迅速出兵攻擊敵方，自己的主力可避免遭受損失。

此計是根據《周易》六十四卦中《損》卦推演而得。彖曰：「損下益上，其道上行。」此卦認爲，「損」、「益」不可截然分開，二者相輔相成。此計謂借他人之力攻擊我方之敵，我方雖不可避免有小損失，但可穩操勝劵，大大得利。

春秋末期，齊簡公派國書爲大將，興兵伐魯。魯國實力不敵齊國，形勢危急。孔子的弟子子貢分析形勢，認爲唯有吳國能與齊國抗衡，可以借吳國兵力挫敗齊國軍隊。於是，子貢前去遊說齊相田常。

田常當時蓄謀篡位，急欲剷除異己。子貢便以「忱在外者攻其弱，憂在內者攻其強」的道理，勸他莫讓異己在攻魯中佔據主動，擴大勢力，而應攻打吳國，借強國之手剷除異己。

田常聽了心動，但齊國已做好攻魯的部署，轉而攻吳，怕師出無名。子貢說：「這事好辦。我馬上去勸說吳國救魯伐齊，這不就有攻吳的理由了嗎？」

田常高興地同意了。

子貢趕到吳國，對吳王夫差說：「如果齊國攻下魯國，勢力強大，必將伐吳。大王不如先下手爲強，聯魯攻齊，吳國不就可抗衡強晉，成就霸業了嗎？」

子貢馬不停蹄，又前去說服趙國派兵隨吳伐齊，解決了吳王的後顧之憂。

子貢遊說三國，達到了預期目的，又想到吳國戰勝齊國之後，定會要脅魯國，魯國不能眞正解危。於是，他又到晉國，向晉定公陳述利害關係：「吳國伐魯成功，必定轉而攻晉，爭霸中原。」勸晉國加緊備戰，以防吳國進犯。

西元前四八四年，吳王夫差親率十萬精兵及三千越兵攻打齊國，魯國立即派兵助戰。齊軍中了吳軍誘敵之計陷於重圍，主帥國書及幾員大將死於亂軍之中。齊國只得請罪求和。夫差大獲全勝之後驕傲狂大，立即移師攻打晉國。晉國早有準備，擊退了吳軍。

子貢充分利用齊、吳、越、晉四國的矛盾，巧妙周旋，借吳國之「刀」擊敗齊國；借晉國之「刀」滅了吳國的威風。魯國損失微小，從危難中得以解脫。

曹操、劉表借刀殺禰衡

曹操想殺禰衡，又怕落下「忌才」的壞名聲，所以來個借刀殺人之計，派他出使荊州，企圖讓劉表殺死他。

文人最大的毛病就是喜歡標榜自己清高、孤傲。三國時候的禰衡，就因爲恃才傲物，惹來殺身之禍。

禰衡之死，完全是曹操、劉表一手導演的借刀殺人把戲。

漢獻帝建安初年，曹操考慮派一個使者到荊州勸荊州牧劉表投降。謀士賈詡建議說：「劉表喜歡與名士交往，最好能物色一位名士前去，才有可能招降劉表。」

曹操覺得有道理，就問另一個謀士荀攸說：「你認爲誰可以去？」

荀攸回答：「當然以孔融去最好！」

孔融是孔子第二十代孫，擔任過北海侯國的國相，是當時文學界著名的「建安七子」之一。曹操點頭答應，並囑咐荀攸去跟孔融打招呼。

孔融聽了荀攸的話，立刻介面說：「我有一位好友叫禰衡，才學比我高十倍，這個人足以在天子身邊工作，做一個使者更不成問題。」

但孔融並沒有把禰衡推薦給曹操，而是向漢獻帝上表，大大誇讚禰衡的才能。獻帝把表章交給曹操，曹操心中老大不高興，就叫人去把禰衡喊來。禰衡來後，按例行了禮，曹操卻一反以往尊重人才的常態，不給他安排座位。

平時頗為自負的禰衡見到這個場面，不覺仰頭向天，一聲長歎說：「天地這樣寬闊，為什麼眼前連一個像樣的人都沒有呢？」

曹操自傲地說：「我手下有幾十位能人，都是當代英雄，憑什麼說沒有人呢？」

禰衡笑了一聲，「那就說給我聽聽吧！」

曹操不無得意地說：「荀彧、荀攸、郭嘉、程昱見識高遠，前朝的蕭何、陳平都不如他們。張遼、許褚、李典、樂進勇猛無敵，過去的岑彭、馬武也不是對手。呂虔和滿寵替我主管文書，于禁和徐晃擔任我的先鋒官。夏侯惇是天下奇才，曹仁是世上的福將。怎能說沒有人呢？」

禰衡哈哈大笑：「您全都講錯了，這些人我都知道，荀彧可以弔喪問病，荀攸只是看墳墓的料，程昱僅能開門閉戶，郭嘉倒還能讀幾句辭賦。張遼在戰場上只配打打鼓、敲敲鑼，許褚也許能放放牛、牧牧馬；樂進和李典當當傳令兵勉強湊合，呂虔不過能給人家磨刀，鑄幾把劍；滿寵是喝酒的能手，于禁是打磚的泥水匠；徐晃只有殺豬、打狗的本事，夏侯惇可稱為完體將軍，曹仁被人稱為只知道要錢的太守。其餘都是飯袋、酒桶而已！」

禰衡這一頓諷刺、挖苦，激怒了曹操，曹操喝斥道：「你又有什麼能耐？」

禰衡毫不客氣：「我天文地理門門都通，三教九流樣樣都知道。輔助天子，可以使他們成為堯、舜，個人道德可以與孔子、顏回相比，怎能與這些凡夫俗子相提並論呢？」

張遼在旁邊聽到禰衡這樣狂妄，公開侮辱大家，氣得抽出寶劍要殺掉他。曹操止住說：「我目前正缺少一個敲鼓的人，早晚朝賀的宴會都要有人敲鼓，就讓禰衡去敲吧！」

曹操企圖用這個辦法狠狠羞辱禰衡，誰知禰衡一點也不拒絕，很快答應下來，告辭去了。張遼問曹操：「這個傢伙講話這般放肆，為什麼不讓我殺他？」

曹操笑笑說：「這個人在外界有點虛名，要是今天殺了他，人家就會議論我容不得人。他不是自以爲很行嗎？那就叫他打打鼓，丟丟他的臉吧！」

第二天中午，曹操在丞相府宴請賓客，命令禰衡打鼓助興。原先打鼓的人叮囑禰衡打鼓時必須換上新衣，但禰衡卻不理會，穿著舊衣服進入大廳。

禰衡精於音樂，打了一通「漁陽三撾」，音節響亮，格調深沉，發出金石般的聲音，座上的客人都激動得情緒熱烈。

曹操的侍從們突然挑剔地叫道：「打鼓的爲什麼不換衣服？」

誰知禰衡一聽，竟當衆脫下身上的破舊衣服，又脫下褲子，赤裸裸地站在那裡，客人們驚得目瞪口呆。

曹操看見這個情景，喝叱道：「在廳堂上，爲什麼這樣不懂禮儀？」

禰衡冷峻地回答說：「目中沒有君主，才是不懂禮儀。我不過是曝露一下父母給我的身體，顯示我的清白罷了！」

曹操抓住禰衡的話，逼問說：「你說你清白，那麼誰又是污濁的？」

禰衡直指曹操說：「你不識人才，是眼濁；不讀詩書，是口濁；不聽忠言，是耳濁；不通曉古今知識，是頭腦污濁；不能容納諸侯，是胸襟污濁；經常打著篡奪皇位的念頭，是心地污濁。我是社會上的名人，你強迫我打鼓，這不過如同當年奸臣陽虎輕視孔子、小人臧倉譭謗孟子一樣。你要想成就稱王稱霸的事業，這樣侮辱人行嗎？」

禰衡這樣犀利地當面抨擊曹操，使大家都非常吃驚。當時孔融也在座，生怕曹操一氣之下會殺害禰衡，便巧妙地爲禰衡開脫：「大臣像服勞役的囚徒一樣，他的話不足以讓英明的主公計較。」

曹操聽出孔融在幫禰衡講話，事實上他也不想在賓客滿座的場合落下殘害人才的惡名。只見他裝作肚量極大的樣子，用手指著禰衡說：「我現在派你出使荊州，如果說服劉表來歸降，就重用你擔任高官。」

禰衡知道劉表不會歸附曹操，派去的人也凶多吉少，這分明是曹操在使借刀殺人的伎倆，不肯答應。

曹操立即傳令侍從備下三匹馬，由兩人挾持禰衡去荊州，一面還通知文武官員都到東門外擺酒送行！

禰衡大膽地痛斥曹操，在當時有一定的正義性。但由於他恃才傲物，往往出語傷人，也不討劉表喜歡。

到荊州後，禰衡把劉表挖苦了一番，劉表很不高興，察覺曹操故意把他送來，是為了讓自己殺他，把殺害賢人的罪責推到自己頭上。於是，劉表使了同樣的手法，把禰衡轉派到生性殘暴的江夏太守黃祖那裡。

果然，禰衡在宴席上諷刺黃祖，黃祖可不比曹操、劉表，一怒之下把他殺了。就算有一定的才智，若是不知道忍住恃才傲物的言行，無疑會給自己帶來許多麻煩，甚至是殺身之禍。

禰衡目中無人，一進曹營就罵，自上而下、從文到武全部都罵，而且盡是人身攻擊，缺乏事實依據，只能算是一個狂傲到極點的酸儒。

曹操想殺他，又怕落下「忌才」的壞名聲，所以來個借刀殺人之計，派他出使荊州，企圖讓劉表殺死他，使自己毫無損失地痛解心頭之恨。

劉表也不是簡單人物，識破了曹操的如意算盤，忍下禰衡的譏諷，令他去見黃祖，讓他亡於黃祖刀下。曹操沒有失算，不管誰將禰衡殺死，都正中他的下懷。而且，劉表這個「轉傳」更有利於曹操，淡化了他的謀算，減輕他殺害禰衡的罪責。

劉備放冷箭，曹操斬呂布

劉備用的正是借刀殺人之計，趁機讓曹操明白呂布的為人，最後殺掉呂布，削弱了曹操的力量，為自己未來的發展消除潛在危機。

建安三年（西元一九八年），呂布派高順進攻小沛，劉備被擊敗。曹操派夏侯惇前去救援，也被高順打敗，便親自率兵征討呂布。抵達下邳城下，曹操給呂布寫了一信，爲他分析了禍福利害。

原本呂布打算投降，但陳宮阻攔他的計劃，於是呂布轉而固守城池。

曹操攻城兩月不下，想撤兵回許昌，衆人急忙勸阻，認爲呂布指日可擒，不能撤兵。荀彧、郭嘉則獻計決沂水、泗水淹灌下邳。曹操大喜，令軍士決二河之水進行水攻。

呂布儘管勇猛，但沒有謀略，而且遇事猜測疑忌，導致部將離心離德，曹軍水淹下邳後，部下便綁了陳宮，前去投降曹操。呂布見大勢已去，只好投降。

曹操入城，傳令退了所決之水，出榜安民。曹操與劉備同坐白門樓上，關羽、張飛侍立一旁。

左右帶來呂布，呂布叫道：「捆綁太緊了，請鬆一點。」

曹操說：「捆綁老虎不能不緊啊！」

呂布見自己的部將侯成、魏續、宋憲都站在一邊，就對他們說：「我待你們不薄，你們爲什麼背叛我？」

宋憲說：「你只聽妻妾的話，不聽衆人的計謀，這如何不讓衆人寒心啊？」

呂布低頭不語，見劉備在座一旁，便對劉備說：「如今您是座上賓，我是階下囚，爲什麼不替我說句話呢？」

劉備並未表態。呂布又對曹操說：「您征戰天下，憂慮的不過是我呂布罷了，今日我已降您，您爭奪天下就用不著憂慮了。您率領步兵，我率領騎兵，如此，用不了多久，天下就可以平定了。」

曹操聽了他的這一番話，覺得十分有道理，打算接受呂布投降。這時，劉備說：

「你難道忘了呂布是怎樣對待丁原和董卓的嗎？」

呂布看了劉備一眼，大罵道：「你這個大耳劉，太不講信義了。你難道不記得轅門射戟的事了嗎？」先前，袁術派兵攻打劉備，呂布曾用轅門射戟的方法，替劉備解除過一場危難。

此時，曹操想起呂布被金錢和美女誘惑，殺死他的兩位主人的劣跡，便不敢再養虎爲患，立即下令縊死呂布，並梟首示衆。

劉備用的正是借刀殺人之計，曹操如果眞的收服呂布，將會如虎添翼。對於野心勃勃的劉備來說，自然不願意在爭霸的道路上多出一名勁敵。劉備趁機說了這番話，讓曹操明白呂布的爲人，最後殺掉呂布，削弱了曹操的力量，爲自己未來的發展消除潛在危機。

【第4計】

以逸待勞

【原文】

困敵之勢，不以戰；損剛益柔。

【注釋】

勢：情勢、趨勢。這裡主要是指的軍事態勢。

損剛益柔：語出《易經．損卦》：「……損剛益柔有時……」「剛」、「柔」是兩個相對的現象，在一定的條件下，相對的兩方可以相互轉化。「損」卦爲異卦相疊，上卦爲艮，艮爲山，下卦爲兌，兌爲澤。上山下澤，是爲大澤浸蝕山根之象，亦即有水浸潤著山，抑損著山，故卦名叫損。「損剛益柔」是根據此卦象講述「剛柔相推，而主變化」的普遍道理和法則。

【譯文】

要使敵人處於困難的境地，不一定要直接出兵攻打，可以採取「損剛益柔」的辦法，逐漸消耗敵人的有生力量，令敵由盛轉衰，由強變弱。

【計名探源】

以逸待勞，計名出自《孫子兵法．軍爭篇》：「故三軍可奪氣，將軍可奪心。是故朝氣銳，晝氣惰，暮氣歸。故善用兵者，避其銳氣，擊其惰歸，此治氣者也。以治待亂，以靜待譁，此治心者也。以近待遠，以佚（同逸）待勞，以飽待饑，此治力者也。」

《孫子．虛實篇》也說：「凡先處戰地而待敵者佚（同逸），後處戰地而趨戰者勞。故善戰者，致人而不致於人。」

原意是說，凡是先到達戰場而等待敵人的，就從容、主動，後到達戰場的只能倉促應戰，一定會疲憊，陷於被動。因此，善於指揮打仗的將領，總是調動敵人，而不會被敵人調動。

戰國末期，秦國將軍李信率二十萬軍隊攻打楚國。開始時，秦軍連克數城，銳不可擋。不久，李信中了楚將項燕的埋伏，丟盔棄甲，狼狽而逃，秦軍損失慘重。

沒辦法，秦王政只好又起用已告老還鄉的王翦。王翦率六十萬軍隊，陳兵於楚國邊境，楚軍立即發重兵抗敵。王翦毫無進攻之意，只是專心修築城池，擺出一副堅壁固守的姿態。

兩軍對壘，楚軍急於擊退秦軍，但相持年餘毫無進展。相對的，王翦在軍中鼓勵將士養精蓄銳，休養生息。秦軍將士人人身強力壯，精力充沛，加上平時勤於操練，技藝精進。

一年後，楚軍繃緊的神經早已鬆懈，將士已無鬥志，認為秦軍的確防守自保，決定東撤。王翦見時機成熟，下令追擊正在撤退的楚軍。秦軍將士宛如猛虎下山，殺得楚軍潰不成軍。

此計強調的重點是讓敵方處於困難局面，不一定只用進攻之法。關鍵在於掌握主動權，以靜制動，積極調動敵人，創造戰機，不讓敵人調動自己，而要牽著敵人的鼻子走。以逸待勞中的「待」字，並不是消極、被動地等待，而是養精蓄銳，待敵方疲憊、混亂之時，乘機出擊取勝。

陸遜以逸待勞擊潰劉備

陸遜知道劉備勞師遠征，難服水土，供給艱難，想儘快速戰。如果此時迎戰，必然大敗，惟一的辦法是堅守不出，先避開蜀軍的銳氣，再尋找機會決戰。

《三國演義》中，最為盪氣迴腸的當屬桃園三結義，劉備、關羽、張飛三人義結金蘭誓同生死。劉備待關、張二人如手足，關、張二人誓死追隨劉備，為劉備的霸業立下汗馬功勞。

待到三國鼎立的局面形成之時，關羽最重要的任務，就是鎮守荊州這個軍事要塞。但關羽違背了諸葛亮東聯孫吳、北抗曹魏的策略，率軍北伐時遭東吳襲擊，結果丟荊州、走麥城，最後兵敗身死。

為了替關羽報仇，劉備舉傾國之兵東進伐吳。

當時劉備剛剛舉行過登基大典，蜀軍銳氣正盛，東吳難以抵禦，連折數員大將，甘寧、潘璋、馬忠皆在此次戰役中身亡。蜀軍深入吳境六七百里，兵鋒所指無人能當，東吳存亡舉國震驚。

在此危急存亡時刻，孫權拜陸遜爲大都督，總督江東兵馬與劉備決戰。

陸遜實施戰略退卻，以靜制動，尋找戰機。陸遜的部下多是東吳的功臣宿將和公室貴戚，自恃功高，對陸遜這位年輕統帥既不服氣，又不尊重，對於他堅守不戰更是不理解，認爲這是怯懦無能的表現。陸遜擎劍在手曰：「吾雖一介書生，蒙主上委以重任，認爲我的長處就是能忍辱負重。各位將軍要各守隘口，牢把險要，不許妄動。違令者斬！」

這時，天氣炎熱，士兵取水困難，劉備便命令將營寨紮在山林茂盛、靠近水源的地方。蜀軍從巫峽建平起到夷陵七百里間，接連設營，與東吳相持不下。

劉備想與東吳決戰，派吳班帶領數千弱兵在平地立營，試圖引誘吳軍出戰，自己則帶精兵埋伏於山谷中，準備切斷吳兵後路。陸遜非但拒不出戰，還連續退卻七百里，對於蜀軍討戰，堅持不予理睬，並且勸告衆將說：「吳班討戰，其中必有詭計，我們姑且觀望一下吧！」

劉備見誘敵之計不成，只好把埋伏在山谷中的伏兵撤出來。

這時，陸遜上書孫權說：「夷陵是東吳的軍事要塞，雖然容易攻取，也很容易失守，一旦失去，連荊州也難以保住。因此，我們爭奪這個戰略要地，一定要一舉成功，一勞永逸。剛開始時，我考慮到蜀軍水陸大軍同時殺來，我們很難分兵抵抗。現在，蜀軍已放棄水路進攻，單在陸路和我軍決戰，又在七百里內處處結營，兵力分散，如此部署對我軍十分有利。請陛下放心，我已有了破敵之策，請不要再為攻打劉備的事而掛心了。」

兩軍相持，直到二二二年閏六月仍未交鋒。這時，陸遜觀察形勢，見蜀軍沒了剛進兵時的銳氣，準備由防禦轉為進攻。將領們認為，要進攻劉備，應當趁其初來的時候，如今吳軍步步退卻，蜀軍卻在國境六七百里內到處設有重兵把守，這時進攻一定不會有好處。

陸遜則說：「我軍連續退卻，他們找不到決戰的機會，士兵已經很疲憊，士氣低落，又想不出打敗我們的計劃。現在，正是我們用計打敗劉備的時候。」

於是，陸遜命令士兵每人拿一把茅草，用火攻的方法襲擊蜀軍，得手後，便率領全軍人馬同時發起進攻。

雙方大戰之時，吳兵奮勇向前，攻破蜀軍四十多個大營。劉備匆忙逃上馬鞍山，由張苞、傅彤領兵沿山環列困守。

陸遜督促所有將領四面猛攻，蜀軍全軍潰散，死傷數以萬計。劉備連夜逃走，靠著沿途焚燒輜重器械，堵塞山路隘口，才阻住吳軍追擊。劉備匆忙逃進白帝城，第二年便死在白帝城。

此次戰役，陸遜用的便是以逸待勞之計。

他知道劉備勞師遠征，難服水土，供給艱難，想儘快速戰。如果此時迎戰，必然大敗，惟一的辦法是堅守不出，先避開蜀軍的銳氣，然後再尋找機會決戰。

陸遜故意後退麻痹蜀軍，拉長戰線，讓蜀軍孤軍深入，拖垮蜀軍。天氣轉熱，蜀軍的進攻毫無結果，戰鬥力下降，意志力減退，此時正是決戰的最佳時機，夷陵之戰由此拉開序幕，陸遜與劉備誰勝誰負自然分曉。

黃忠以逸待勞斬殺夏侯淵

黃忠有勇有謀，夏侯淵恃勇而少謀，現實生活中，有黃忠之謀者不多，往往意氣用事，有夏侯淵這般浮躁者比比皆是，容易被激怒，誤中圈套。

劉備佔領益州後，老將黃忠與關羽、張飛、趙雲、馬超同爲蜀漢五虎上將。劉備想奪取漢中，便派黃忠與法正帶兵攻打定軍山。定軍山是曹操屯糧之地，由大將夏侯淵鎮守。

曹操聽說劉備攻打漢中，恐怕有失，於建安二十三年秋七月，親自率兵四十萬來救漢中。軍至南鄭，曹洪報告黃忠攻打定軍山一事，並言：「夏侯淵知魏王兵至，固守未曾出戰。」

曹操說：「若不出戰，是表示怯懦。」想差人到定軍山，叫夏侯淵進兵。

劉曄諫道：「夏侯將軍性剛而急，恐中奸計。」

於是，曹操寫了一封書信派使者持節到夏侯淵營中，夏侯淵拆開，見信上寫：「凡為將者，當以剛柔相濟，不可徒恃其勇。若只憑其勇，則是一夫之敵耳。吾今屯大軍於南鄭，欲觀卿之妙才，勿辱二字也。」

夏侯淵大喜，與副將張郃商議道：「今魏王率大兵屯於南鄭，你我久守此地，豈能建立功業？來日我出戰，定要生擒黃忠。」

張郃說道：「黃忠謀勇兼備，況且有法正相助，不可輕敵。此間山路險峻，只宜堅守。」

黃忠與法正引兵屯於定軍山口，屢次挑戰，夏侯淵仍堅守不出；想要進攻，又恐怕山路危險，難以料敵，只得據守。

這一日，忽報山上曹兵下來搦戰。黃忠正要引軍出迎，法正說道：「夏侯淵為人輕躁，恃勇少謀。可激勸士卒拔寨前進，步步為營，引誘夏侯淵來戰而擒之，此乃反客為主之法。」

黃忠採用其計，將軍中財物盡賞三軍，蜀軍歡聲滿谷。黃忠即日拔寨而進，步步為營；每營住數日，又往前推進。

夏侯淵聽說，就要出戰。張郃勸阻說：「此乃反客爲主之計，不可出戰，戰則有失。」

夏侯淵不從，引兵出戰，兩將交戰二十餘合，曹營內忽然鳴金收兵。夏侯淵慌忙撥馬而回，被黃忠乘勢殺了一陣。

夏侯淵回營後質問押陣官：「爲何鳴金？」押陣官答說：「因爲看見山坳中有數處蜀兵旗旛，恐怕有伏兵，因而急招將軍回營。」夏侯淵這才作罷，堅守不出。

黃忠逼進到定軍山下，與法正商議。法正用手指著定軍山說：「定軍山西，巍然有一座高山，四下皆是險道。此山可以下視定軍山之虛實，將軍若能取得此山，定軍山只在掌中也。」

黃忠仰見這座山山頭稍平，山上有些許人馬，到了二更，引軍士鳴金擊鼓，直殺上山頂。山上有夏侯淵部將杜襲把守，但只有數百餘人，見黃忠大隊擁上，只得棄山而走。黃忠得了山頂，正與定軍山相對。

法正獻策說：「將軍可守在半山，我帶兵佔據山頂。待夏侯淵兵至，我舉白旗爲號，將軍按兵勿動；待他倦怠無備，我舉起紅旗，將軍便下山攻擊。如此以逸待勞，必當取勝。」

黃忠大喜，依計行事。

杜襲引軍逃回，見夏侯淵，說黃忠奪了對面高山。夏侯淵大怒道：「黃忠占了對山，不容我不出戰。」

張郃諫道：「此乃法正之謀，將軍不可出戰，只宜堅守。」

夏侯淵道：「占了我的對山，觀我虛實，如何不出戰？」

張郃苦諫，夏侯淵不聽，分軍圍住對山，大罵挑戰。法正在山上舉起白旗，任憑夏侯淵百般辱罵，黃忠就是不出戰。午時過後，法正見曹兵倦怠，銳氣已惰，多半下馬坐息，便將紅旗揚起，鼓角齊鳴。黃忠一馬當先馳下山來，接著手起刀落，夏侯淵還來不及迎戰，便連頭帶肩被砍爲兩段。

黃忠與夏侯淵都是知名大將，但黃忠有勇有謀，夏侯淵恃勇而少謀，誰勝誰負，自然可知。現實生活中，有黃忠之謀者不多，往往意氣用事，有夏侯淵這般浮躁者卻比比皆是，容易被激怒，誤中圈套而不自知。

【第5計】

趁火打劫

【原文】

敵之害大，就勢取利，剛決柔也。

【注釋】

敵之害大：害，這裡是指遇到嚴重災難，處於困難、危險的境地。

剛決柔也：決，衝開、去掉，這裡引伸爲擯棄、戰勝。王夫之在《周易內傳》說：「夫之爲言決也，絕而擯之於外，如決水者不停貯之。決而任其所往。」全句意思爲：乘著剛強的優勢，堅決果斷地戰勝柔弱的敵人。

【譯文】

敵方出現危難，面臨麻煩時，我方就要乘機進攻奪取勝利。這是強大者利用本身優勢抓住戰機，制服弱敵的策略。

【計名探源】

趁火打劫是常見的襲擊策略，原意是：趁對方家裡失火，一片混亂而無暇自顧的時候，去搶奪財物。趁人之危大撈一把，在現實生活中是不道德的行爲，但在軍事上卻屢見不鮮，正如《孫了兵法》強調的，「敵害在內，則動其地；敵害在外，則動其民；內外交害，則動齊國。」

《孫子兵法．始計篇》也說：「亂而取之。」

唐朝詩人杜牧在解釋此句時說，「敵有昏亂，可以乘而取之」，講的就是趁火打劫道理。

春秋末期，吳國和越國交戰，戰事頻繁。經過長期戰爭，越國不敵吳國，只得俯首稱臣，越王勾踐被扣押在吳國。

勾踐立志復國，臥薪嚐膽，表面上對吳王夫差百般逢迎，終於騙得夫差信任，被放回越國。回國之後，勾踐年年派范蠡進獻美女、財寶，以麻痹夫差，而在國內則採取了一系列富國強兵的措施。

幾年後越國實力大大加強，人丁興旺，物資豐足，人心穩定。

吳王夫差卻被勝利衝昏了頭腦，被勾踐的假相迷惑，不把越國放在眼裡，驕橫兇殘，拒絕納諫，殺了一代名將忠臣伍子胥，重用奸臣，堵塞言路，生活淫糜奢侈，大興土木，搞得民窮財盡。

西元前四七三年，吳國顆粒不收，民怨沸騰。越王勾踐選中吳王夫差北上和中原諸侯在黃池會盟的時機，大舉進兵吳國。吳國國內空虛，無力還擊，很快就被越國擊破滅亡。

勾踐的勝利，正是乘敵之危、就勢取勝的典型戰例。

呂布乘機襲取徐州

在日常生活或商業競爭領域，想要獲得輝煌的勝利，就必須從混亂中看準有利的機會迅速出手，這就是我們常說的「趁火打劫」。

趁火打劫用在軍事上講的是找準機會，乘勢而爲。

曹操平定了山東，表奏朝廷，朝廷加封曹操爲建德將軍、費亭侯。太尉楊彪暗奏漢獻帝說：「現今曹操擁兵二十餘萬，謀臣武將數十員，如果用此人扶持社稷，剿除奸黨，天下幸甚。」

獻帝哭著說：「現在朝綱不振，若能重振朝綱，誠爲大幸！」

曹操因此入朝，總領政事。這一天，曹操於後堂設宴，聚集衆謀士商議：「劉備屯兵徐州，自領徐州牧，掌管州事，現在呂布又兵敗投奔劉備，倘若二人同時引兵來犯，必是心腹之患。諸位有何妙計？」

荀彧說：「有一計，叫二虎競食。可以設法令劉備與呂布廝殺，然後丞相再從中漁利。」

曹操大喜，按計而行，不料此計被劉備識破，並未得逞。荀彧又獻一計，讓曹操給袁術通氣，說劉備上密表，想要謀得袁術的南陽。

袁術聞聽大怒，要進兵攻取徐州。劉備聽說袁術要奪自己的徐州，於是要起兵討伐袁術。孫乾說：「一定要先選好守城之人。」

張飛說：「小弟願守此城。」

劉備說：「你守不住此城，一者你酒後鞭撻士卒；二者做事魯莽，不聽人勸。我放心不下。」

張飛說：「弟從今日起，不飲酒，不打軍士，聽人勸就是了。」

劉備仍不放心，說道：「弟言雖如此，我終不放心。還請陳登輔助你，早晚少飲酒，不要誤事。」

陳登應允，劉備一切安置妥當，率軍向南陽進發。

張飛自劉備走後，一應雜事都交予陳登管理，軍機大事則自己斟酌。

一天，張飛宴請徐州各大小官員，衆人坐定後，張飛道：「我家兄長臨去時，吩咐我少飲酒，別誤了大事。今天各位儘管豪飲一醉方休，明天都各自戒酒，幫我守城，但今天務必喝個痛快。」

說完，起身與衆人倒酒。酒至曹豹面前，曹豹說：「我從不飲酒。」

張飛說：「該殺的奴才如何不飲酒？我偏要你喝一杯！」

曹豹害怕，只得飲了一杯。張飛給衆人倒完酒，自己連飲了幾十碗，不覺大醉，又起身給衆人倒酒。但是，曹豹再三拒絕，堅持不飲。此時張飛醉意正盛，大怒道：「你違抗我的命令，該打一百鞭！」

陳登勸道：「主公臨去時，吩咐你什麼？」

張飛說：「你是文官，只管文官的事，不要來管我！」

曹豹無奈，只得告求說：「將軍，看在我女婿的面子，且饒恕我罷。」

張飛說：「你女婿是誰？」

曹豹說：「呂布。」

張飛大怒說：「我本不想打你，你拿呂布來嚇唬我，我偏要打你！我打你，便是打呂布！」

眾人勸不住，曹豹被打了五十鞭。酒席散去，曹豹連夜差人給呂布送信，並告之：劉備帶兵攻打袁術，今夜可乘張飛酒醉，引兵來襲徐州。

呂布見信，便請陳宮來商議。陳宮說：「小沛絕非久居之地。現今徐州既有可乘之機，如何不取？失此良機不取，悔之晚矣。」

呂布大喜，隨即披掛上馬，領五百騎兵先行，陳宮、高順引大軍隨後出發。

小沛離徐州只有四五十里，呂布到城下時，天才四更。

曹豹早在城上等候，便令軍士開門。呂布一聲令下，眾軍殺入。張飛正醉臥府中，左右急忙搖醒，報告說：「呂布騙開城門，殺將進來了！」

張飛大怒，慌忙披掛，提了丈八蛇矛，剛出府門上馬時，呂布軍馬已到。張飛此時酒未全醒，不能力戰，殺出東門，連劉備的家眷都顧不得了。

《孫子兵法·軍形篇》說：「故善戰者立於不敗之地，而不失敵之敗也。是故勝兵先勝，而後求戰；敗兵先戰，而後求勝。」

古代善於行軍作戰的人，總是不會錯過任何打敗敵人的良機，而不會坐待敵人自行潰敗。在日常生活或商業競爭領域也是如此，想要獲得輝煌的勝利，就必須從混亂中看準有利的機會迅速出手，這就是我們常說的「趁火打劫」。

杜預水陸並進攻下江陵

吳國已非孫權早年治下的吳國，無可用之將，朝野萎靡。即使杜預不率兵進攻，吳國也會內亂不止，滅亡不過是早晚的事。

想趁火打劫，有時還要善於自己「放火」，所謂放火，就是給敵方製造混亂，好乘機進兵。「放火」當然要找準機會，不然恐怕難以達到效果。

司馬炎以晉代魏後，滅掉了蜀國，接著命鎮南大將軍杜預爲大都督討伐東吳。杜預兵出江陵，命令牙將周旨率領水軍八百人，乘小舟暗渡長江，在山林之處多立旌旗，白天放炮擂鼓，夜晚各處舉火。

周旨領命，率兵渡江，埋伏於巴山。

第二天，杜預領大軍水陸並進。吳主孫皓見晉兵氣勢洶洶，急忙派遣伍延出陸路，陸景出水路，孫歆為先鋒，準備三路迎敵。

杜預引兵前進，和孫歆的先鋒部隊遭遇。兩軍剛一交鋒，杜預便引兵而退。孫歆率兵上岸追趕，追出不到二十里，突然一聲炮響，四面晉兵大至。吳軍急忙撤退，杜預乘勢掩殺，吳軍死傷不計其數。

孫歆奔到江陵城邊，周旨的八百水軍混雜於中，在城上放火。孫歆大驚道：「難道晉軍飛渡長江不成？」剛要退卻時，周旨大喝一聲，將他斬於馬下。

陸景在船上，望見江南岸上一片火起，巴山上方飄出一面大旗，上面寫著：「晉鎮南大將軍杜預」。陸景大驚，要上岸逃命，被晉將張尚斬殺。伍延見各軍皆敗，乃棄城走，被伏兵捉住，杜預乘機攻下江陵。

此次戰役中，杜預趁火打劫成功原因有三：

第一，天下大勢所趨，晉強吳弱，吳國偏安一隅，很難與晉國抗衡。

第二，吳主孫皓殘暴無能，不懂政治、軍事，人心不附，沒人願意替他賣命。

第三，吳國已非孫權早年治下的吳國，無可用之將，朝野萎靡。

由此可看出，即使杜預不率兵進攻，吳國也會內亂不止，滅亡不過是早晚的事。

【第6計】

聲東擊西

【原文】

敵志亂萃，不虞，坤下兌上之象，利其不自主而攻之。

【注釋】

敵志亂萃：萃，野草叢生。句意爲：敵人神志慌亂，失去明確的方向。

不虞：虞，預料。不虞，意料不到。

坤下兌上之象：《易經》萃卦下卦爲坤，坤爲地，上卦爲兌，兌爲澤，該象指地面上洪水氾濫。此卦三陰聚於下，二陽聚於上，各依其類以相保，如果使這種群陰保陽的局面受到擾亂，就將禍亂叢集，有意料不到的困難與危險。

利其不自主而攻之：不自主，即不能自主地把握自己的前進方向和攻擊目標。句意爲：敵人不能把握自己的前進方向，對我方有利，應乘機進攻、打擊敵人。

【譯文】

敵人心志慌亂，像叢生的野草，失去明確方向，意料不到要發生的事情，這是《易經》萃卦中所說的那種混亂潰敗的象徵。這時，要利用敵人不能自控，誘使敵人做出錯誤判斷，對其發起攻擊。

【計名探源】

聲東擊西，是忽東忽西，即打即離，故意製造假象，引誘敵人做出錯誤判斷，然後乘機殲敵的策略，在戰爭中的運用十分廣泛。

爲使敵方的指揮判斷失誤，必須採用靈活機智的行動，本來不打算進攻甲地，卻佯裝進攻；本來決定進攻乙地，卻不顯出任何進攻的跡象。似可爲而不爲，似不可爲而爲之，敵方就無法推知我方意圖，被假象迷惑，做出錯誤判斷。

東漢時期，班超出使西域，目的是聯合西域諸國共同對抗匈奴，但地處大漠西緣的莎車國，煽動周邊小國歸附匈奴，反對漢朝。

班超決定先平定莎車國，莎車國國王遂向龜茲求援。龜茲王親率五萬人馬救援莎車國，班超聯合于闐諸國，兵力只有二萬五千人，敵衆我寡，難以戰勝，必須智取。班超遂定下聲東擊西之計，迷惑敵人。他派人在軍中散佈對班超的不滿言論，製造打不贏龜茲，準備撤退的跡象，並且特別讓莎車戰俘聽得清清楚楚。

這天黃昏，班超命于闐大軍向東撤退，自己率部向西撤退，表面上顯得慌亂，故意讓俘虜趁機逃脫。俘虜逃回莎車營中，報告漢軍慌忙撤退的消息。龜茲王大喜，誤以爲班超懼怕自己而逃竄，想趁此機會追殺班超。他立刻下令兵分兩路追擊逃敵，自己親率一萬精兵向西追殺班超。

班超胸有成竹，趁夜幕籠罩大漠，撤退僅十里地，部隊即就地隱蔽。龜茲王求勝心切，率領追兵從班超隱蔽處飛馳而過。

班超立即集合部隊，與事先約定的東路于闐人馬迅速回師，殺向莎車軍。班超的部隊如從天而降，莎車軍猝不及防，迅速瓦解。莎車王驚魂未定，逃走不及，只得請降。

龜茲王氣勢洶洶，追趕了一夜，未見班超部隊蹤影，又聽得莎車已被平定、人馬傷亡慘重的報告，只得收拾殘部，悻悻然返回龜茲。

賈詡識破曹操聲東擊西之計

曹操欲用聲東擊西之計進攻張繡，不料卻被賈詡識破，反倒中了賈詡的聲東擊西之計。正所謂強中自有強中手，用計不如識計人。

有些時候，將在謀而不在勇，正所謂力戰不如智取。

漢末三國初，天下大亂，各路諸侯擁兵自重，袁術在淮南僭號稱帝，曹操領兵前去討伐，張繡則乘虛攻打許都，曹操只好回師討伐張繡。

建安三年夏四月，曹操統大軍至南陽城下。張繡知道曹兵已至，急忙派人報告劉表，讓他爲後應，同時與雷敘、張先二將領兵出城迎敵。

兩陣對壘，張繡出馬，指著曹操罵道：「你是假仁假義毫無廉恥的人，跟禽獸有什麼兩樣！」

曹操大怒，令許褚出馬，張繡派張先接戰。只三個回合，許褚便斬張先於馬下，張繡軍大敗。曹操引軍一直追趕到城下，張繡閉門不出。

曹操圍城攻打，見城壕很寬，水又很深，極難靠近，就命令軍士運土填壕，又在城邊做梯凳，還用雲梯向城內窺望。曹操騎馬繞城觀望了三天，傳令讓軍士在西門角上堆積柴草，會集眾將，說要從那裡上城。

這是曹操聲東擊西之計，揚言從西門殺入，實則想從東南殺入。不料，曹操此計卻被賈詡識破。賈詡是張繡的重要謀士，頗有謀略，見如此光景，便對張繡說：「我知道曹操的用意，現今將計就計，定能打敗曹操。」

原來，曹操每日繞城觀察時，賈詡也一直在觀察曹操。他知道，曹操心機深沉，制定好作戰計劃時，很少跟屬下明講，只會吩咐屬下依命而行。賈詡在城上見曹操繞城觀看了三日，就知道對方在考慮攻城的計策。

他見城東南角磚土的顏色新舊不一，鹿角也多半已毀壞，料定曹操想從這兒進攻。曹操假意在西北角堆積柴草，製造聲勢，其實想哄騙張繡集中兵力防守西北，好趁夜黑由東南偷襲，來一個聲東擊西。

曹操此計雖然瞞過了張繡，卻騙不了賈詡。賈詡向張繡說明曹操的詭計，張繡問：「如果是這樣的話，我們怎麼辦呢？」

賈詡說：「這事很容易。明日可選精壯的士兵，飽食後個個輕裝，全隱藏在城東南的房屋內，再叫些百姓假扮軍士，把守城西北。夜間任他們在東南角爬城，等他們爬進城後，一聲炮響，伏兵四起，連曹操都可能被抓住。」

張繡大喜，依計而行。

此時，早有人報告曹操，說張繡調兵集中在西北角守城，東南角卻很空虛。曹操說：「中我的計了！」命令士兵秘密準備爬城器具，白天引兵攻西北角，等到二更時分，領著精兵在東南角爬過壕溝，砍開鹿角。曹軍一齊擁入，只聽見一聲炮響，伏兵四起。

曹軍急退，背後張繡親自指揮士兵追殺。曹軍大敗，退出城外，連退了數十里。張繡直殺至天明，方收軍入城。曹操計點敗軍，折兵五萬餘人，失去輜重無數。

曹操欲用聲東擊西之計進攻張繡，不料卻被賈詡識破，反倒中了賈詡的聲東擊西之計。正所謂強中自有強中手，用計不如識計人。

司馬懿聲東擊西，諸葛亮將計就計

司馬懿本想聲東擊西，以襲擊方式打亂蜀軍的大營，再乘亂出擊，不料此計被諸葛亮識破，將計就計將魏軍殺敗。

蜀漢建興七年（西元二九九年）四月，諸葛亮統兵北上伐魏，兵至祁山，把大軍分成三寨紮下，專候魏軍到來。聞知蜀軍進犯，魏軍統帥司馬懿以張郃爲先鋒、戴淩爲副將，率軍十萬前往祁山迎敵。

大軍到達祁山後，下寨於渭水之南，當即有前鋒部將郭淮、孫禮入寨參見。司馬懿問道：「前線情況如何？你們是否與蜀軍交鋒？」

郭、孫二人回答說：「蜀軍剛到數日，尚未出戰。」

司馬懿說：「蜀軍千里而來，利於速戰，今不急於出戰，其中必有陰謀。」說罷，又問隴西各路有什麼訊息。

郭淮回答說：「據派出的細作探聽，隴西各郡守軍都十分用心，日夜提防，並無意外情況，只有武都、陰平二處，尚未得到消息。」

司馬懿聽到郭、孫二將稟報的軍情後，用心思索了一番，想出了一條計策，對著郭淮、孫禮說：「明日我親自領兵出陣與諸葛亮交戰，你二人急從小路前往增援武都、陰平，並從背後偷襲蜀軍。這樣可使蜀軍陣勢自亂，我軍再乘亂出擊，便能大獲全勝。」

郭、孫二人接令後，立即率領五千人馬從隴西小路直奔武都、陰平，準備按計行事，從蜀軍背後發起奇襲。

未料，二人領兵正行進間，忽然哨馬來報，說是武都、陰平已經先後被蜀將王平、姜維攻破，魏軍前鋒已離蜀軍不遠。孫禮聽到這個訊息，心中頓時一陣疑惑慌亂，對郭淮說：「蜀軍既已攻破二城，爲何尚陳兵城外？其中必定有詐，莫如趕快退兵！」

郭淮贊成孫禮的意見，正要下令退兵，忽聽一聲炮響，山背後閃出一支軍馬來，大旗上寫著「漢丞相諸葛亮」，諸葛亮端坐在一輛車上，左有關興，右有張苞。郭、孫二見將此情景，不禁大驚失色。

只聽諸葛亮坐在車上大聲笑道：「郭淮、孫禮休想逃走！司馬懿搞聲東擊西計，怎能瞞得過我？他每日派人在正面陣前與我軍交戰，暗地裡卻教你們襲擊我軍背後，妄圖亂我大營，我只還他個將計就計，現在武都、陰平已被我軍攻取，你二人還不早早投降？」

郭淮、孫禮聽到這話，更加慌張，又聽到背後喊殺連天，原來是王平、姜維又領一支蜀軍殺到，與前面的關興、張苞形成前後夾攻之勢。一時間，魏兵大敗，郭淮、孫禮也只得棄馬爬山而走……

司馬懿本想聲東擊西，以襲擊方式打亂蜀軍的大營，再乘亂出擊，不料此計被諸葛亮識破，將計就計將魏軍殺敗。

敵戰計

【第7計】

無中生有

【原文】

誑也，非誑也，實其所誑也。少陰，太陰，太陽。

【注釋】

誑也，非誑也：誑，欺騙、迷惑。《孫子兵法．用間篇》即把誑事作為「虛假之事」。全句意思為：虛假之事，又非虛假之事。

實其所誑也：實，實在、眞實。實其所誑，是說把眞實的東西隱藏在假象之中。

少陰、太陰、太陽：原指《易經》中的兌卦（少陰）、巽卦（太陰）、震卦（太陽）。這裡少陰是指稍微隱蔽的軍事行動，太陰是指重大的秘密軍事行動，太陽則是指大型、公開的軍事行動。全句意思為：在稍微隱蔽的行動中隱藏著重大的秘密行動。極為秘密行動，也許正是在非常公開的大型行動掩護下進行。

【譯文】

用假象欺騙敵人，但不是一味弄假，而是巧妙地由虛變實，利用大大小小的假象來掩護眞象。也就是說，開始用小的假象，繼而用大的假象，最後假象突然變成眞象。

【計名探源】

「無中生有」字面意思是空穴來風，在現實生活中往往被視貶義詞。但在兵法運用中，此計是積極的欺敵戰術，先通過虛假行動，使敵人放鬆警惕，受到迷惑，然後我方再利用有利的時機，迅速採取眞實的行動，以迅猛的速度攻擊敵人，將其擊潰。無中生有之計的關鍵就在於眞假變化，虛實結合。

無中生有，「無」指的是虛、假；「有」指的是眞、實。無中生有強調眞眞假假、虛虛實實、眞中有假、假中有眞，讓敵方虛實難辨，造成判斷與行動失誤。

此計可分解爲三部曲：第一步，示敵以假，讓敵人誤以爲眞；第二步，讓敵方識破我方之假，掉以輕心；第三步，變假爲眞，讓敵方誤以爲假。這樣一來，主動權就被我方掌握。

使用此計有兩點應該注意：第一，敵方指揮官性格多疑、過於謹愼，此計容易奏效。第二，要抓住敵方迷惑不解之機，迅速變虛爲實，變假爲眞，變無爲有，出其不意地攻擊敵方。

唐朝安史之亂爆發後，許多地方官吏紛紛投靠安祿山、史思明。唐將張巡忠於唐室，不肯投敵，率領軍隊堅守孤城雍丘（今河南杞縣）。

安祿山派降將令狐潮率四萬人馬圍攻雍丘城。敵衆我寡，張巡雖取得幾次出城襲擊的小勝，無奈城中箭矢越來越少，趕造不及。

沒有箭矢，很難抵擋敵軍攻城，張巡想起三國時諸葛亮草船借箭的故事，心生一計。他急命士兵搜集秸草，紮成千餘個草人，將草人披上黑衣，夜晚用繩子慢慢墜下城去。夜幕之中，令狐潮以爲張巡要乘夜出兵偷襲，急命部隊萬箭齊發，急如驟雨，張巡輕而易舉獲敵箭數十萬枝。

天明亮後，令狐潮知道中計，氣急敗壞，後悔不迭。

第二天夜晚，張巡又從城上往下吊草人，衆賊見狀，哈哈大笑。張巡見敵人已被麻痺，迅速吊下五百名勇士，敵兵仍不在意。

五百勇士在夜幕掩護下，迅速潛入敵營，令狐潮措手不及，營中大亂。張巡乘此機會，率部衝出城來，殺得令狐潮損兵折將，大敗而逃。張巡巧用無中生有之計虛實交互運用，保住了雍丘城。

曹操借用王垕的人頭

曹操暗中授意王垕用小斛發糧，士兵出現反彈情緒後，按軍法斬了。王垕的罪名當然是「無中生有」，目的是要借他的人頭來平息眾怒。

無中生有，本來就是虛假的，不存在的。但在運用此計時，必須立足於現實狀況，讓人難辨眞假，也就是把虛假的事說得像眞的一樣，讓人信服。

在《三國演義》中，並非諸葛亮一人用過無中生有之計，曹操就多次用過此計。例如在征討張繡途中，士兵饑渴難耐，曹操爲了搶時間，大喊：「前面有梅林！」於是曹軍個個爭先努力前行。

其實，前面根本沒有梅林，不過是曹操爲了鼓舞士氣的一種手段罷了。

後來，袁術在淮南稱帝，起二十萬大軍，分成七路，向徐州殺來。徐州乃軍事重鎮，早有平定天下之志的曹操，豈容袁術得逞？於是，曹操親統大軍，前來征討袁術。

曹兵有十七萬，每天要耗費很多糧食，全國各地又荒旱無收，糧草接濟不上。曹操催軍速戰，但袁術各將都閉寨不出。兩軍相拒月餘，眼看糧食將盡，管糧官王垕入稟曹操說：「兵多糧少，該怎麼辦呢？」

曹操說：「可用小斛發糧，暫且救一時之急。」

王垕說：「如果士兵埋怨，怎麼辦？」

曹操說：「我自有辦法。」

王垕依命，用小斛發糧。事後，曹操暗中派人到各寨探聽，得知士兵無不嗟怨，都說丞相欺衆。曹操於是密召王垕進帳說：「我想向你借一物，以平軍心，請你不要吝惜。」

王垕說：「丞相欲用何物？」

曹操說：「想借你的頭用一用。」

王垕大驚道：「我並沒罪啊！」

曹操說：「我也知你無罪，但不殺你，必會引起兵變。你死後，你的妻兒，我自會照顧，你不必憂慮。」

王垕再要說時，曹操早已喚來刀斧手，推出轅門外一刀斬了，然後懸頭高竿，貼出告示說：「王垕用小斛發糧，盜竊官糧，按軍法斬之。」

經過這番處置，衆怨皆平。

曹操暗中授意王垕用小斛發糧，士兵出現反彈情緒後又給王垕定了個「盜竊官糧」的罪名，按軍法斬了。王垕的罪名當然是「無中生有」，目的是要借他的人頭來平息衆怒。

諸葛亮無中生有刺激周瑜

諸葛亮用無中生有之計智激周瑜，吟誦《銅雀台賦》時，巧妙地把「二橋」換成了「二喬」。周瑜大怒不止，發誓與曹操決戰到底。

有時候，講道理、擺事實，苦口婆心地勸說未必奏效，動動腦筋，來點小策略刺激對方反倒容易把事辦成。

諸葛亮爲了達成聯吳抗曹的目的，智激周瑜用的就是無中生有之計。

曹操率領大軍南下，想奪取江東地區。東吳的孫權繼父兄基業，有衆多賢良志士輔佐，國富民殷，不肯投降。劉備剛剛被曹操打敗，派諸葛亮下江東聯絡孫權共同抗擊曹操。當時，周瑜掌管東吳軍政大權，所以魯肅帶著諸葛亮前去見周瑜。

周瑜知道諸葛亮是來東吳求救的，擺出一副高姿態，故意當著諸葛亮的面和魯肅大談曹操大軍不可阻擋，只有降曹才是東吳的惟一出路。魯肅又急又氣，臉都爭紅了。周瑜、魯肅爭辯時，諸葛亮把二人的心思看得一清二楚，突然發出冷笑。

諸葛亮這一笑，周瑜有些納悶：「先生何故發笑？」

諸葛亮說：「我不笑別人，笑魯子敬不識時務。」

魯肅忙問：「先生爲何笑我不識時務？」

諸葛亮即說：「公瑾決心降曹，甚爲合理。」

周瑜也趕緊說：「先生識時務，確實與我同心。」

諸葛亮與周瑜是以詐應詐，卻急壞了老實忠厚的魯肅：「先生，你爲什麼也這麼說呢？」

諸葛亮又說：「曹操很會用兵，天下無敵。從前呂布、袁紹、劉表與之作對都被消滅。只有劉備至今不識時務，仍然與其抗衡，現今孤立無援，屯兵於江夏。將軍決心投降曹操，可以保全妻子、保全富貴，至於國家的存亡又算什麼呢？」

諸葛亮吹捧曹操，與周瑜抬舉曹操的用意大不同。周瑜捧抬曹操是爲了迫使孔明低聲下氣地求自己，諸葛亮說曹操厲害，則是要刺激周瑜年輕氣盛的自尊心。

諸葛亮這番話說完，周瑜沒什麼反應，魯肅卻憤怒了：「你竟敢要我主上屈膝受辱於曹賊！」氣氛比以前緊張。

諸葛亮又說：「我有一計，不用投降納城，也不用親自渡江；只需派一個使者，用一葉小舟送兩個人到江北。曹操得了這兩個人，肯定不動干戈，率兵而退。」

周瑜一聽，忙問：「是哪兩個人，可以使曹操退兵？」

諸葛亮說：「曹操在漳河新造一台，叫銅雀台，非常壯麗，要廣選天下美女，藏於銅雀台中。曹操是好色之徒，早就聽說江東喬公有兩個女兒，分別叫大喬和小喬，二人皆有沉魚落雁之容，閉月羞花之貌。曹操曾說：『我有兩個願望，其一，掃平四海完成霸業；其二，能得江東二喬，置於銅雀台內，以安度晚年。』現在曹操率領大軍要吞併江南，其實是爲了二喬而來。將軍爲何不去找喬公，用千金買二喬，派人送予曹操？曹操得了二喬，心滿意足必然退兵。春秋時范蠡曾給夫差獻過西施，您爲什麼不用這個辦法呢？」

周瑜說：「曹操要得到二喬，有什麼證據嗎？」

諸葛亮說：「曹操的三子曹植出口成章，曹操曾命他作了一篇賦，叫《銅雀台賦》。這篇賦的意思就是誓取二喬。」

周瑜說：「這篇賦先生能記下來嗎？」

諸葛亮說：「我喜歡這篇賦辭彩華美，所以記下一二。」

周瑜說：「先生能否背誦一下？」

諸葛亮當即吟誦《銅雀台賦》：「……從明後以嬉遊兮，登層台以娛情。見太府之廣開兮……攬『二喬』於東南兮，樂朝夕之與共……」

周瑜聽罷，勃然大怒，大罵曹操老賊，並誓死抗戰到底。

原來，大喬是孫策的妻子，小喬是周瑜的夫人，諸葛亮聲稱曹操南下是打二喬的主意，周瑜再有修養也受不了。

事實上，諸葛亮是用無中生有之計智激周瑜，吟誦《銅雀台賦》時，巧妙地把「二橋」換成了「二喬」。周瑜以爲諸葛亮說的是事實，大怒不止，發誓與曹操決戰到底，正所謂請將不如激將。

【第8計】

暗渡陳倉

【原文】

示之以動，利其靜而有主，益動而巽。

【注釋】

示之以動：動，行動、動作，這裡指軍事上的佯攻、佯動。意思爲：以佯攻的行動吸引敵人的注意力。

利其靜而有主：靜，平靜；主，主張。句意爲：利用敵人已決定的時機。

益動而巽：益和巽，都是《易經》的卦名。《易經・益卦》說：「益動而巽，日進無疆。」益卦，下卦爲震、爲動，上卦爲巽、爲風、爲順。意思是說，行動合理、順理，就會天天順利。表面上，努力使行動合乎常情；暗地裡，主動迂迴進攻敵人，必能有所收益。

【譯文】

故意曝露我方的行動，從正面佯攻，以此牽制敵人，讓他們在某地集結固守，然後我方隱蔽攻擊路線，迂迴到敵人的背後發動突襲，攻敵不備，出奇制勝。

【計名探源】

《孫子兵法．地形篇》說：「料敵制勝，計險阨遠近，上將之道也。知此而用戰者，必勝；不知此而用戰者，必敗。」

能判明敵軍的虛實和作戰意圖，研究地形的險易，計算路途的遠近，以奪取勝利，這都是主將應懂得的道理。運用這些道理作戰，必然會取得勝利；相反的，不懂得這些道理，那就必敗無疑了。

暗渡陳倉，意思是採取正面佯攻，當敵軍被我方牽制而集結固守時，我軍悄悄派出一支部隊迂迴到敵後，乘虛發動決定性的突襲。

此計與聲東擊西計有異曲同工之處，都有迷惑敵人、掩蓋自己行動的作用。二者的不同處是：聲東擊西，隱蔽的是攻擊點；暗渡陳倉，隱蔽的是攻擊路線。

此計是漢初名將韓信的傑作，「明修棧道，暗渡陳倉」，更是古代戰爭史上著名的成功戰例。

秦朝末年，政治腐敗，群雄並起，紛紛反秦。劉邦的部隊首先攻進咸陽，但勢力強大的項羽到達後，逼迫劉邦退出關中。

鴻門宴上，劉邦險些喪命，脫險後，只得率部退駐漢中。爲了麻痹項羽，劉邦退走時，將漢中通往關中的棧道全部燒毀，表明不再返回關中。事實上，劉邦無時不刻想著要擊敗項羽，奪得天下。

西元前二〇六年，逐步強大的劉邦，派大將韓信出兵東征。出征之前，韓信派了許多士兵去修復已被燒毀的棧道，擺出要從原路殺回的架勢。關中守軍聞訊，密切注視棧道修復的進展，並派主力部隊在這條路線各個關口要塞加緊防範，阻止漢軍進攻。

「明修棧道」的行動果然奏效，成功地吸引了敵軍的注意力，韓信立即派大軍繞道到陳倉（今陝西寶雞縣東）發動襲擊，一舉打敗章邯，平定三秦，爲劉邦統一中原邁出了決定性的一步。

鄧艾出奇兵渡陰平

當鄧艾帶著魏兵突然出現在江岫城時，蜀軍不戰而降。此次鄧艾用的就是暗渡陳倉之計，避開正面劍閣天險，偷渡無人把守的陰平，最後迫降了蜀國。

魏國名將鄧艾自幼熟知兵法，善曉地理；先爲兗州刺史，後封爲安西將軍，假節領護東羌校尉。晉公司馬昭聽說蜀漢後主劉禪聽信讒言，詔姜維班師，便命鄧艾與鎮西將軍鍾會共同出師伐蜀。

接獲探馬報告後，姜維立刻上表後主：「請降詔派左車騎將軍張翼領兵守衛陽平關，右車騎將軍廖化領兵守衛陰平橋。這二處最爲要緊，如果這兩處有失，漢中就危險了。」

當時後主劉禪每天與宦官黃皓在宮中遊樂，不理政事，對姜維的告急表文沒當回事。結果，鍾會不費吹灰之力，先後奪了鄭南關、樂城、漢城和陽平關。

姜維聽說魏兵連破四關，馬上起兵迎敵，終因寡不敵衆，在強川口被鄧艾大軍追殺，首尾不能相顧，只好衝破重圍，退守劍閣。鍾會在離劍閣二十里處下寨，鄧艾問道：「將軍得了漢中，有沒有取劍閣的良策啊？」

鍾會問：「將軍有什麼高見？」

鄧艾答道：「可派一軍從陰平小路出漢中，出奇兵直取成都，姜維必撤兵來救，將軍可趁機奪取劍閣。」

鍾會大喜說：「我在此專候將軍的佳音。」

鄧艾自鍾會處出來之後，下令望陰平小路進兵，離劍閣七百里下寨。鄧艾一面寫機密文書派人星夜呈送司馬昭，一面召集部下問道：「我想乘虛取成都，跟你們一起建立不朽的功業，你們願意跟我一同出征嗎？」

衆將應聲回答說：「願遵軍令，萬死不辭。」

鄧艾先命令兒子鄧忠帶領五千精兵，不穿盔甲，分別拿著斧鑿等器具，凡遇險峻難行的地方便鑿山開路，搭造橋閣，以便於後續部隊行軍。

鄧艾又挑選了三萬步兵，各自帶著乾糧、繩索出發。走了大約一百餘里，命三千軍士就地駐紮，又走了一百多里，又選了三千軍士駐紮。如此走了二十多天，行了七百餘里，全是無人之地。

由於魏兵沿途駐紮，最後只剩下二千多人。不久，鄧艾終於來到摩天嶺，率眾上山後，見鄧忠與開路壯士全在那裡哭泣。鄧艾問原因，鄧忠說：「這裡的山嶺全是立崖峻壁，無法開鑿，眼看前功盡棄，所以哭泣。」

鄧艾說：「我軍已到這裡，過嶺便是江油，難道還能退兵嗎？不入虎穴，焉得虎子。我與你們來到這兒，如果大功告成，便能共用富貴。」

眾人都回答說：「願意聽從將軍的命令！」

鄧艾先把軍器扔下去，自己用氈子裹住身體，先滾下去。其他人見狀，有氈子的用氈子裹身滾下，無氈子的用繩索繫住腰攀援而下。鄧艾、鄧忠及二千軍士和開山壯士，全都過了摩天嶺。

鄧艾帶著魏兵突然出現在江油城，蜀軍守將馬邈以為是神兵天降，不戰而降。鄧艾乘勝進兵，後主劉禪見大勢已去，被迫率眾臣出城投降，蜀漢從此滅亡。

此次鄧艾用的就是暗渡陳倉之計，避開正面劍閣天險，偷渡無人把守的陰平，最後迫降了蜀國。

明為弔喪，暗訪鳳雛先生

諸葛亮的外交目的達到了，兩件事情都做得非常完滿：一是給周瑜弔喪，二是請鳳雛先生出山。兩件事一明一暗，明修棧道，暗渡陳倉。

明修棧道，暗渡陳倉，並不一定用在軍事上，也可用在外交上。

周瑜是三國裡的英雄，可惜英年早逝，三十六歲而亡。演義中記載，諸葛亮三氣周瑜，周瑜箭創迸發而死，因此東吳眾將深恨諸葛亮。

周瑜停喪於巴丘，眾將將周瑜所遺書箴飛報孫權，孫權放聲大哭，拆看周瑜遺書，原來是推薦魯肅繼任都督之職。

孫權看罷哭著說道：「公瑾有王佐之才，現今忽短命而死，既然遺書特薦子敬，我怎敢不從之？」即日便命魯肅爲都督，總統兵馬，一面命發周瑜靈柩回葬。

諸葛亮在荊州聽說周瑜死了，急忙告知劉備。劉備問孔明道：「周瑜既死，該當如何？」

諸葛亮道：「周瑜既死，必然是魯肅繼任都督。我以弔喪為由，去江東走一遭，尋訪賢士來輔佐主公。」

劉備道：「只恐東吳將士加害先生。」

諸葛亮笑道：「周瑜在時，我猶不懼，如今周瑜已死，又有什麼好怕的？」於是與趙雲率領五百士兵，帶齊祭禮，乘船赴巴丘弔喪。

在路上探聽得孫權下令魯肅為都督，周瑜靈柩已運回柴桑，諸葛亮便直接奔赴柴桑，魯肅以禮迎接。周瑜部將都要殺掉諸葛亮，因見趙雲帶劍相隨，又有魯肅從中勸阻，才不得不罷休。諸葛亮親自哭祭於靈前，奠酒，讀祭文。祭畢，伏地大哭，淚如湧泉，哀慟不已。

其實，諸葛亮此次弔喪還有另一層意思，就是要請出好友龐統共同輔佐劉備。

諸葛亮辭別魯肅後，並未過江回到江夏，而是去了柴桑後山的「鳳雛庵」尋訪故友龐統。剛剛來到江邊，只見一人道袍竹冠，皂條素履，一把揪住諸葛亮大笑道：「你氣死周郎，卻又來弔孝，真的是欺東吳無人啊！」

諸葛亮急忙看來人，原來正是自己要訪的鳳雛先生龐統。

諸葛亮也大笑，留書信一封給龐統，特意推薦他到荊州投效劉備。龐統允諾告別，諸葛亮自己先回荊州。

後來，龐統終於投在劉備麾下做了軍師，幫助劉備一起攻取西川。

此次諸葛亮的外交目的達到了，兩件事情都做得非常完滿：一是給周瑜弔喪，二是請鳳雛先生龐統出山。兩件事一明一暗，明修棧道，暗渡陳倉，以明掩暗，明暗相生。

【第9計】

隔岸觀火

【原文】

陽乖序亂，陰以待逆。暴戾恣睢，其勢自斃。順以動豫，豫順以動。

【注釋】

陽乖序亂，陰以待逆：陽、陰，指敵我雙方兩種勢力。乖，分崩離析。逆，混亂、暴亂。句意爲：敵方衆叛親離，混亂一團，我方應靜觀，待其發生大變亂。

暴戾恣睢：窮兇極惡。

順以動豫，豫以順動：語出《易經．豫卦》：「豫，剛應而志行，順以動，豫。豫順以動，故天地如之，而況建侯行師乎？」豫即喜悅。豫卦坤下震上，順以動，坤在下，是順；震在上，是動。意思是說：陰陽相應，天地之間也能任由縱橫，何況建諸侯國，出兵打仗呢？隔岸觀火，即是以欣喜的心情，靜觀敵方發生有利於我方的變動，然後順勢而制之。

【譯文】

在敵人內部矛盾激化、表面化，分崩離析之時，我方應按兵不動，靜待敵方形勢的惡化。屆時，敵人相互仇殺，必將自取滅亡。我方要採取順應的態度，然後見機行事，坐收漁翁之利。

【計名探源】

隔岸觀火，就是「坐山觀虎鬥」，「黃鶴樓上看翻船」。敵方內部分裂，矛盾激化，相互傾軋，這時切不可操之過急，免得反而促成他們暫時聯手。正確的方法是按兵不動，讓他們互相殘殺，彼此消耗，甚至自行瓦解。

隔岸觀火之計在運用上一般有兩種情況：

第一，坐觀敵方因內部衝突而出現相互攻擊和殘殺的混亂局面，然後選擇有利時機對敵人實施毀滅性打擊。第二，坐等敵人內部出現矛盾和衝突，利用一方消滅另一方，然後消滅或收服剩下的一方。

運用隔岸觀火之計，關鍵是充分利用敵方內部的一切矛盾和衝突，這就要求用計者必須非常熟悉敵方內部的情況，並對其發展趨勢有正確的判斷。

曹操坐收漁利，除掉袁氏兄弟

公孫康設計除掉袁氏弟兄，派人將首級送到易州。曹操不費一兵一卒，就順利除掉了袁氏弟兄，收復遼東，隔岸觀火之計使曹操坐收漁人之利。

曹操在官渡擊敗袁紹後，袁紹兵敗身亡，幾個兒子為爭奪權力互相爭鬥，曹操決定擊敗袁氏兄弟。

最後，袁熙、袁尚兄弟投奔烏桓，曹操進兵追擊，兵至白狼山。袁熙、袁尚與冒頓單于率騎兵數萬，與曹操決戰，被曹操擊敗。

戰後，袁熙、袁尚率數千人逃向遼東。曹操並不追趕，而是退兵易州，按兵不動。大將夏侯惇說：「遼東太守公孫康久不臣服，現在袁熙、袁尚前去投靠，必為後患，不如趁他們還未聯合起來火速征討，這樣遼東大事可定。」

曹操笑道：「不用勞煩各位將軍虎威，用不了幾天，公孫康定會將袁氏弟兄的腦袋送來。」

眾將都不相信，但沒過多久，公孫康果然派人將袁氏弟兄的首級送到。曹操大笑：「果然不出郭嘉所料。」

原來，郭嘉在征烏桓的途中病倒，留在易州治病，病勢沉重，臨終時給曹操留下一封信，授計道：「我聽說袁尚、袁熙兄弟往遼東投奔公孫康，丞相千萬不要派重兵進攻。公孫康一直擔心被袁氏吞併，今袁熙、袁尚前去投奔，心中必然猜疑。如果我們派兵攻打，他們一定合力迎擊，急切中難以得手，如果暫緩出兵，公孫康與袁氏兄弟就會相互火併。」

事情果眞如郭嘉分析的那樣，公孫康聽說袁熙、袁尚要來投奔，當即與手下的人議定：如果曹操前來征討，便留下袁氏弟兄合力抗曹，如果曹操並不派兵，就將袁氏弟兄殺掉，獻給曹操。

這是因爲當年袁紹曾有吞併遼東之意，公孫康一直耿耿於懷，同時也擔心袁氏兄弟來投靠是假，欲鳩占鵲巢是眞。

而袁氏兄弟也的確如公孫康擔心的那樣，企圖尋找機會殺掉公孫康，佔據公孫康的遼東，用遼東數萬騎兵抵擋曹操的進攻，再伺機收復河北。所以，當探馬把曹操屯兵易州，並無進兵遼東之意報上來時，公孫康立即設計除掉袁氏弟兄，派人將首級送到易州。

曹操不費一兵一卒，就順利除掉了袁氏弟兄，收復遼東，隔岸觀火之計使曹操坐收漁人之利。

曹操弄權，劉備靜觀其變

曹操手下勇將猛士都跟隨在側，很可能還未等關羽靠近曹操，漢獻帝和關羽早已被殺。所以，劉備不同意關羽採取行動，最好的辦法是等待時機。

曹操挾天子以令諸侯，頗有廢掉漢獻帝稱霸的野心，只是朝廷裡忠臣太多，不好輕舉妄動。於是，他決定效仿趙高來個「指鹿爲馬」，試探一下群臣反應。

某天，他邀請漢獻帝外出打獵，以觀動靜。

漢獻帝對曹操早有警覺，並不想去。然而曹操以古訓相邀，獻帝只好聽從，劉備、關羽也隨隊出城。

曹操昂首與漢獻帝並馬前行，神態十分傲慢。不久，一隻雄鹿進入了君臣的視線，漢獻帝興致上來，引弓射鹿，但連發三箭未中，曹操接過弓箭，一箭正好射中鹿背。群臣以為是獻帝射中的，高呼萬歲，曹操卻拍馬前行迎接群臣的拜賀。

其實，曹操是在試探群臣的反應，看哪些人支持自己，哪些人反對自己，看自己篡位奪權的時機是否成熟。

關羽見曹操目中無人、欺君罔上，大怒，想要刺殺曹操。這一切劉備早就看在眼裡，他何嘗不知道曹操舞權弄事，尋機廢帝？然而自己兵少將乏，正投靠在曹操門下，此時刺殺曹操必然會惹火上身，既傷了皇帝，又損失了自己的力量。所以關羽提出要殺曹操，劉備當然不允。

劉備告誡關羽凡事要三思而後行，估計可能的後果，然後再行動，保存力量，等待時機。昔日趙高指鹿為馬以察朝臣順逆，今日曹操射鹿以檢驗朝臣從違，二者皆奸臣之心，前後如出一轍。

劉備在這件事上比關羽看得透徹，深知曹操並不是想殺就殺得了的，關羽雖然神勇，但曹操手下勇將猛士都跟隨在側，很可能還未等關羽靠近曹操，漢獻帝和關羽早已被殺。所以，劉備不同意關羽採取行動，最好的辦法是隔岸觀火等待時機。

【第10計】

笑裡藏刀

【原文】

信而安之，陰以圖之；備而後動，勿使有變。剛中柔外也。

【注釋】

信而安之，陰以圖之：陰，暗地。圖，圖謀。全句意思爲：表面上使對方深信不疑，從而安下心來，暗地裡卻另有圖謀。

備而後動，勿使有變：備，這裡指充分準備。變，這裡指發生意外的變化。

剛中柔外也：表面上軟弱，內裡卻很強硬，表裡不相一致。

【譯文】

設法使敵方相信我方是善意、友好的，從而不加戒備。我方則暗中策劃，積極準備，伺機而動，不讓敵方有所察覺而採取應變的措施。這是一種殺機暗藏、外表柔和的計謀。

【計名探源】

笑裡藏刀，原意是指那種嘴上帶笑、心裡藏刀的做法。此計用在軍事上，是運用政治、外交上的僞裝手段，欺騙麻痹對方，掩蓋己方的實際行動，是一種表面友善而暗藏殺機的謀略。

《孫子兵法》上說：「敵人言辭謙遜，其實正在加緊備戰；沒有條約前來媾和的，定是不懷好意。」

凡是敵人的花言巧語，都可能是使用陰謀詭計的表現。運用這個謀略的人，「笑」的方法很多，有的屈以求和，有的阿諛奉承，有的故作孱弱……最終目的都是爲了「藏刀」。當然，同陣營內，也有人爲了達到個人目的，採取這種手段。

戰國時期，秦國爲了對外擴張，奪取地勢險要的崤山、河東一帶，派商鞅爲大將，率兵攻打魏國。

商鞅大軍直抵魏國吳城，吳城是魏國名將吳起苦心經營之地，地勢險要，工事堅固，正面進攻很難奏效。商鞅苦苦思索攻城之計，得知守將是與自己有過交情的魏國公子卬，心中非常高興，馬上修書一封，主動與之套交情，信中說：「雖然我們倆現在各爲其主，但念及我們過去的交情，還是兩國罷兵，訂立和約爲好。」

信中念舊之情，溢於言表，還提出約定時間會談議和大事。信送出後，商鞅擺出主動撤兵的姿態，命令秦軍前鋒立即撤回。

公子卬看罷來信，又見秦軍退兵，非常高興，馬上回信約定會談日期。商鞅見他已鑽入了圈套，暗地在會談之地設下埋伏。

會談之日，公子卬帶了三百名隨從到達約定地點，見商鞅帶的隨從很少，而且沒帶兵器，更加相信對方的誠意。會談氣氛十分融洽，兩人重敘昔日情誼，表達雙方交好的誠意。

會談後，商鞅還擺宴款待公子卬。公子卬興沖沖入席，還未坐定，忽聽一聲號令，伏兵從四面包圍過來，他和三百隨從反應不及，全部被擒。商鞅又利用被俘的隨從賺開吳城城門，佔領吳城，魏國只得割讓西河一帶，向秦求和。

羊祜笑裡藏刀籠絡敵方

笑裡藏刀在此處被賦予新意，以溫和的手法對待對方、籠絡對方，其實，這裡面藏有更大的陰謀，從意志上瓦解對方，從而達到自己的目的。

三國後期，司馬炎以晉代魏，蜀漢滅亡，只剩東吳與晉並立，晉國君臣無時不在謀取東吳。這時，吳主孫皓令鎮東將軍陸抗率兵屯駐江口，試圖謀取襄陽。消息報入洛陽，賈充建議派都督羊祜率兵拒之，待吳國中有變，乘勢攻取，東吳唾手可得。司馬炎立即降詔遣使到襄陽，命令羊祜整點軍馬，預備迎敵。

羊祜鎮守襄陽期間很得民心，削減在吳國邊境巡邏的士卒，讓這些士卒墾田種地八百餘頃。沒幾年工夫，軍中的糧食夠十年之用。

某次，部將稟告羊祜：「吳兵都懈怠無備，可乘機偷襲，必能大獲全勝。」

羊祜笑道：「你等不要小看陸抗，此人足智多謀，日前吳主命他攻拔西陵，斬了步闡及其將士數十人，我救之不及。此人爲將，我等只可自守。等其國內有變，方可圖取。若不審時度勢而輕進，定是自取敗亡之道。」

一天，羊祜帶諸將打獵，正好陸抗也在打獵。羊祜下令：「我軍不許過界。」衆將得令，只在晉地打圍，不犯吳境。陸抗望見，歎道：「羊祜治軍有紀律，不可侵犯啊！」

當晚羊祜回到軍中，查問所得獵物，派人將吳人先射傷的都送還吳人。

陸抗召來人問道：「你家都督能飲酒嗎？」

來人答道：「一定是佳釀才喝。」

陸抗笑道：「我有斗酒，藏了很久了，今天交給你帶回去拜上都督，此酒陸某親自釀造，以表昨日出獵之情。」

來人攜酒而去，左右問陸抗：「將軍以酒予羊祜，有何主意？」

陸抗道：「羊祜既施德於我，我哪能無以酬謝？」

來人回見羊祜，把陸抗所問連同送酒之事一一稟告。羊祜笑道：「陸抗也知吾能飲乎！」於是，開壺取酒來飲。

部將陳元勸道：「恐怕其中有詐，都督且宜慢飲。」

羊祜笑道：「陸抗不會下毒的，不必疑慮。」竟傾壺飲之。

從此，二人派人通問，經常往來。

有一天，陸抗派人問候羊祜。羊祜問來人：「陸將軍安否？」

來人答道：「主帥臥病數日未出。」

羊祜說：「料陸將軍之病與我相同。我有現成的藥，可送給陸將軍服用。」

來人持藥回見陸抗，衆將勸道：「羊祜是我們的敵人，此藥必非良藥。」

陸抗道：「羊祜豈能下毒？衆人勿疑。」於是把藥服下，第二天病就好了。

沒過多久，吳主遣使來到，陸抗接見使者。使者對陸抗說：「天子傳諭將軍，馬上進兵，不要讓晉人先進兵。」

陸抗隨即草疏派人到建業呈給吳王。奏疏中說明現在還不能對晉國用兵，並且勸吳王修德愼罰，以安內爲念，不當以黷武爲事。

吳主看畢大怒：「朕聞陸抗在邊境與敵人相通，今果然如此！」於是罷了陸抗的兵權，降爲司馬，令左將軍孫冀代領江口軍事。

羊祜聽說陸抗被罷官，孫皓失德，見吳有可乘之機，於是上表請求伐吳。由於賈充等人勸阻，司馬炎沒有准奏。羊祜歎道：「天下不如意事，十之八九。今天不取東吳，豈不可惜啊！」

咸寧四年，羊祜入朝，奏請辭官養病。司馬炎問道：「卿有何安邦之策，以教寡人？」

羊祜答道：「孫皓暴虐已久，現今可以不戰而克。如果孫皓不幸而歿，更立賢君，則吳國就難以圖取了。」

司馬炎馬上醒悟：「卿馬上率兵討伐如何？」

羊祜道：「臣年老多病，不堪當此任，請陛下另選智勇之士。」

是年十一月，羊祜病危，司馬炎親自問安說：「朕深恨當時不用卿伐吳之策。今日誰可繼卿之志？」

羊祜含淚答道：「臣死後，右將軍杜預可以伐吳。」

羊祜死後，司馬炎敕贈太傅、巨平侯，依羊祜之言，拜杜預爲鎭南大將軍，都督荊州軍事，率兵一舉平定了吳國。

笑裡藏刀在此處被賦予新意，以溫和的手法對待德性感化對方、籠絡對方，其實，這裡面藏有更大的陰謀，從意志上瓦解對方，從而達到自己的目的。

陸遜故意示弱，呂蒙奇襲荊州

關羽只能以勇取勝，卻不能獨自擔當大任。他的性格傲慢自大，呂蒙、陸遜正是利用他的弱點，用了笑裡藏刀之計取了荊州。

呂蒙在《三國演義》中是一位很有謀略的將軍，見劉備借了荊州賴著不還，便建議孫權武力奪取荊州。孫權應允，委任呂蒙爲都督節制軍事。

呂蒙返回陸口，探馬報告：「沿江上下，或二十里，或三十里，高阜處各有烽火台。」又報告荊州軍馬整肅，預有準備。

呂蒙大驚，尋思無計，於是託病不出。

孫權聽說呂蒙患病，心中著急。陸遜進言說：「呂蒙之病是假，並非真病。」

孫權道：「你既知其中有詐，可親往視之。」

陸遜領命，星夜至陸口來見呂蒙，果然面無病色。陸遜說：「我奉吳侯之命前來探望，吳侯以重任付將軍，將軍不乘時而動，空懷鬱結，卻是爲何？」呂蒙良久不語，陸遜又說：「我有一方，能治將軍之疾，不知可用否？」

呂蒙摒退左右而問：「有何良方，請賜教。」

陸遜笑道：「將軍之疾，不過因荊州兵馬整肅，沿江有烽火台罷了。我有一計，令沿江守吏不能舉火，荊州之兵束手歸降，將軍願聽嗎？」

呂蒙驚謝道：「願聞良策。」

陸遜說：「關羽自恃英勇，所慮者惟將軍一人。將軍乘此機會，託疾辭職，把陸口之任讓予沒有名望卻能擔大任之人，派人卑辭讚美關羽，以驕其心，關羽必盡撤荊州之兵，進攻樊城。乘荊州無備，用一旅之師襲擊，則荊州可取。」

呂蒙大喜：「果眞是妙計啊！」

於是，呂蒙託病不起，上書辭職。孫權下令召呂蒙回建業養病。呂蒙回建業拜見孫權，孫權問呂蒙：「陸口之任，昔日周公瑾薦魯子敬，後魯子敬又薦卿，今卿亦須薦一才望兼備者繼任。」

呂蒙說：「若用名望重之人，關羽必然防備。陸遜足智多謀，而未有遠名，非關羽所忌，若用陸遜代臣之任，必有所顧。」

孫權大喜，即日拜陸遜爲偏將軍、右都督，代呂蒙守陸口。

陸遜連夜往陸口交割馬步水三軍，並修書一封，準備名馬、異錦、酒禮等物，遣使赴樊城見關羽。

關羽尚在調理箭創，忽聽說江東陸口守將呂蒙病危，孫權調回調理，近拜陸遜爲將，代呂蒙守陸口。見陸遜差人送書備禮，便召入使者，問道：「仲謀見識短淺，用此孺子爲將！」

來使答道：「陸將軍呈書備禮，一來與君侯作賀，二來求兩家和好。」

關羽拆書觀看，言詞極其卑謹。關羽覽畢，仰面大笑，令左右收了禮物，打發使者回去。使者回見陸遜：「關羽欣喜，並沒有憂慮江東之意。」

陸遜大喜，秘密派人探聽消息，關羽果然把荊州大半兵馬撤赴樊城聽調，只待箭創痊癒，便欲進兵。陸遜察知詳細，即差人星夜報知孫權，孫權召呂蒙商議：「今關羽果然撤荊州之兵攻取樊城，現今可設計襲取荊州。」

孫權拜呂蒙爲大都督，總領江東諸路軍馬。呂蒙點兵三萬，快船八十餘船，選善於水性的士兵扮作商人，在船上搖櫓，將精兵伏於船中，晝夜疾行，直抵北岸。

江邊烽火台上守台軍盤問時，吳人答道：「我們都是客商，因爲江中風大，到此一避。」隨即把財物送予守台軍士。

守台軍士不疑有他，任其停泊在江邊。約至二更，船中精兵齊出，將烽火台上官軍捉住，接著大軍長驅直入，逕取荊州。

關羽能以勇取勝，以義服人，卻不能獨自擔當大任。他的性格傲慢自大，直呼江東衆英雄爲鼠輩，普天之下，除了劉備以外，恐怕找不到讓他佩服的人了，有時就連諸葛亮他也不放在眼裡。呂蒙、陸遜正是利用他的這個弱點，用笑裡藏刀之計取了荊州。

【第11計】

李代桃僵

【原文】

勢必有損，損陰以益陽。

【注釋】

勢必有損：勢，局勢。損，損失。

損陰以益陽：陰，這裡是指局部利益。陽，這裡是指全局利益。意思是：捨棄某一部分利益，使全局得到增益。

【譯文】

當局勢發展到一定要有所損失時，應該犧牲局部來換取全域的勝利。

【計名探源】

李代桃僵中的僵，是仆倒的意思。

此計語出《樂府詩集．雞鳴篇》：「桃生露井上，李樹生桃旁。蟲來齧桃根，李樹代桃僵。樹木身相代，兄弟還相忘？」

本意是指兄弟要像桃李共患難一樣相互幫助，相互友愛。此計用在軍事上，指在敵我雙方勢均力敵，或者敵優我劣的情況下，用小代價換取大勝利的謀略，像是象棋中「棄車保帥」的戰術。

戰國後期，趙國北部經常受到匈奴及東胡、林胡等部侵擾，邊境不寧，趙王便派大將李牧鎮守北部門戶雁門。

李牧上任後，並不備戰，每日殺牛宰羊犒賞將士，只許堅壁自守，不許與敵交鋒。匈奴不知李牧搞什麼名堂，不敢貿然進犯。李牧加緊訓練部隊，養精蓄銳，幾年後兵強馬壯，士氣高昂。

西元前二五〇年，李牧準備出擊匈奴，先派少數士兵保護邊塞百姓出去放牧。匈奴人見狀，派出小股騎兵前去搶掠，李牧的士兵與敵騎交手後假裝敗退，丟下一些人畜。匈奴占得便宜，得勝而歸。

匈奴單于心想，李牧從來不敢出城征戰，必然是一個不堪一擊的膽小之徒，於是親率大軍直逼雁門。李牧見驕兵之計奏效，兵分三路迎戰。匈奴軍輕敵冒進，被李牧分割成幾處，逐個圍殲。

單于兵敗，落荒而逃，李牧用小小的損失，換得了全域的勝利。

曹操誤殺呂伯奢一家

曹操與陳宮忽聽後院有磨刀之聲，曹操說：「今若不先下手，必遭擒獲！」於是拔劍直入，不問男女，統統殺掉，一連殺死八口。

東漢末年，天下大亂，董卓專權，廢少帝立劉協爲帝後，自任相國，參拜不用通報，入朝不行叩拜之禮，可以帶劍上殿，威福無比，無惡不做，甚至夜宿龍床，姦淫宮女，朝廷大臣敢怒而不敢言。

董卓禍亂朝綱，司徒王允十分擔憂。一日夜晚，王允以過生日爲名，請衆官員到他府上聚會。酒行數巡，王允忽然掩面大哭。

衆人驚問：「今天是司徒的生日，爲什麼要大哭啊？」

王允說：「今天並非我的生日，是想與諸位一敘，怕董卓疑慮，才找這個託詞。

董卓欺主弄權，社稷朝夕難保，我怎能不哭！」

眾人聽了，也跟著痛哭。其中一人卻不以爲然，撫掌大笑說：「滿朝公卿夜裡哭到天明，天明哭到夜裡，還能哭死董卓嗎？」

王允一看，原來是驍騎校尉曹操，大怒道：「你祖宗也食漢祿，今日爲何不思報國，反要發笑呢？」

曹操說：「我不笑別事，只笑眾位竟無一計殺董卓。操雖不才，願意斬殺董卓，將人頭懸於城門之上，以謝天下。」

王允問道：「你有什麼辦法嗎？」

曹操說：「近日我之所以屈身侍奉董卓，實際是想乘機除掉他。聽說司徒有七寶刀一口，願借我一用，我入相府刺殺他，雖死無怨！」

王允說：「孟德如有此心，是天下大幸。」於是將七寶刀取來交給曹操。曹操藏刀，起身辭別眾人而去。

第二天，曹操佩著寶刀來到相府，問明董卓在小閣中，便直接進去，見董卓坐在床上，呂布侍立在側。

董卓問：「孟德爲何來遲？」

曹操說：「馬太瘦弱，跑不起來，所以來遲。」

董卓扭頭對呂布說：「我有西涼進來的好馬，奉先可去挑一匹賜予孟德。」

呂布領命而出，曹操暗想：「老賊活該死在今日！」

曹操要拔刀刺董卓，又怕董卓力大，不敢輕舉妄動。董卓身體胖大，不能久坐，便倒身而臥，轉臉向內。曹操便急掣寶刀在手，正要行刺，不想董卓仰面看衣鏡中，照見曹操在背後拔刀，急回身問：「孟德何爲？」

此時呂布已牽馬來至閣外，曹操害怕，連忙持刀跪下說：「我有寶刀一口，獻上恩相。」

董卓接過來一看，果然是把七寶嵌飾、極其鋒利的寶刀，就遞給呂布收了。

董卓帶曹操出閣看馬，曹操稱謝說：「願試騎一下。」

董卓令人配上鞍轡，曹操牽馬出相府，加鞭望東南而去。

呂布對董卓說：「剛才曹操似乎有行刺之狀，被識破後才推說獻刀。」

董卓說：「我也懷疑。」

二人正在說話，李儒來相府，分析說：「丞相可令人去喚他，如果沒有疑慮前來便是獻刀，如果推託不來便是行刺，即刻拿下。」

董卓馬上命人前往傳喚曹操，差人去了很久才回報：「曹操沒有回寓所，而是騎馬奔東門而去。」董卓大怒，確信曹操是來行刺，於是遍行文書、畫影圖形捉拿曹操，擒獻者賞千金，封萬戶侯，窩藏者同罪。

曹操逃出城外，飛奔譙郡，路經中牟縣，被守關軍士捉獲，來見縣令。曹操說：「我是客商，複姓皇甫。」

縣令仔細端詳曹操，沉吟半晌說：「我在洛陽求官時，認得你是曹操，如何隱瞞？先把他拿下，明日解去京師請賞。」

等到夜裡，縣令令心腹暗地提出曹操，押到後院審問，縣令問：「我聽說丞相待你不薄，爲何要自取禍端？」

曹操說：「我祖宗世代食漢祿，若不思報國，與禽獸何異？我之所以屈身事董卓，是想乘機除掉他，爲國除害。今事不成，這是天意啊！」

縣令聽完，親自爲曹操鬆綁，拜道：「曹公眞是天下忠義之士啊！」

曹操也拜問縣令姓名，縣令說：「我姓陳名宮，字公台。老母和妻子，都在東郡。今感公忠義，願棄官從公而逃。」

曹操大喜，當天夜晚陳宮收拾盤費，與曹操更衣易服，各背寶劍騎馬而走。

二人走了三天，到了成皋，曹操對陳宮說：「這裡有一姓呂人家，主人呂伯奢是我父親的結義弟兄，就在這裡住一宿吧。」

二人來到莊前下馬，入見呂伯奢。

呂伯奢說：「我聽說朝廷已下文書正在捉你，你父親已到陳留躲避去了。你怎麼到了這裡？」

曹操把事情說了一遍，又說：「若非陳縣令，早已粉身碎骨了！」

呂伯奢拜陳宮說：「若非使君，曹氏就滿門抄斬了！請使君放寬心思，今晚就住在這裡。」說完，即起身入內，半晌才出來，對兩人說：「老夫家無好酒，容往西村買一樽好酒來相待。」

說罷，呂伯奢匆匆騎驢而去。

曹操與陳宮坐了很久，忽聽後院有磨刀之聲。

曹操說：「呂伯奢不是我的至親，此去可疑，當仔細竊聽！」

二人悄悄步入草堂後，只聽有人說：「捆起來殺，如何？」

曹操說：「今若不先下手，必遭擒獲！」於是和陳宮拔劍直入，不問男女，統統殺掉，一連殺死八口。

待兩人搜至廚房，卻見地上捆著一頭豬。

陳宮說：「孟德多疑，誤殺好人！」

二人急忙出莊上馬而行。行不到二里，只見呂伯奢騎驢迎面而來，驢鞍旁懸酒二瓶，手中提著果菜，喊道：「賢侄與使君為何就走？我已吩咐家人宰豬款待，快請撥馬回去。」

曹操並不答話，只顧策馬前行。

行了數步，曹操忽拔劍復回，朝呂伯奢喊說：「看那邊來者何人？」

呂伯奢回頭看時，被曹操一劍斬了。

陳宮大驚，責怪曹操濫殺好人。

曹操說：「他回家後，見殺死多人，豈能善罷干休？乾脆把他殺了，以免後患。這叫寧教我負天下人，休教天下人負我。」

陳宮見曹操如此心狠手辣，晚上投宿後，便趁曹操熟睡分道揚鑣。

司馬昭弒君，成濟成為替罪羊

司馬昭把殺死曹髦的責任全部歸罪於成濟，下令捕殺。成濟自然不服，登屋頂拒捕，並將司馬昭、賈充幕後指使的事全盤托出，結果被賈充命人亂箭射死。

魏國景初三年正月下旬，曹魏第二代帝王曹叡病危，把八歲幼子曹芳託付給曹爽、司馬懿。

司馬懿老謀深算，用假癡不癲之計，趁曹芳與曹爽兄弟謁高平陵祭先帝之機，一舉奪得兵權，殺了曹爽等一班曹氏權臣。魏主曹芳封司馬懿爲丞相，加九錫，司馬氏父子三人同領國事。

嘉平三年秋八月，司馬懿病亡，曹芳封司馬師爲大將軍，總領尙書事，封司馬昭爲驃騎大將軍。自此司馬氏弟兄專制朝權，群臣不敢不服。曹芳每見司馬師入朝，便顫慄不已，暗中聯合夏侯霸等人想剷除司馬師兄弟。不料，事情洩漏，曹芳被廢，曹髦繼任爲帝。從此，司馬師上朝不行叩拜之禮，帶劍上殿。

正元二年正月，揚州都督、鎮東將軍毋丘儉盡起淮南兵馬討伐司馬師。司馬師帶著眼疾出征，結果病勢嚴重，遂班師回許昌。

司馬師自知難保，便囑咐司馬昭說：「我死之後，你繼承我的位置，切記大事不可託付他人，不然就會自取滅族之禍。」說完大叫一聲而死。

曹髦命司馬昭繼續屯兵許昌，以防東吳。但司馬昭怕朝廷有變，率兵到洛水之南屯紮。曹髦見司馬昭不奉詔，只好封他爲大將軍，錄尚書事。

司馬昭以大將軍拜相國，又封晉公，加九錫，獨攬朝政大權。曹髦年齡雖小，卻有雄心大志，被朝臣譽爲「才同陳思（曹植），武類太祖（曹操）」。但是，朝中上下，司馬昭都安插心腹親信，曹髦被牢牢控制，絲毫不能有所作爲。

這一年正月，有人上報朝廷，說寧陵井中兩次出現黃龍，是爲祥瑞。曹髦心裡很清楚，自己現在上不在天，下不在田，屈居於井中，這哪裡是吉祥的兆頭呢？想到自己類似傀儡的處境，不由地哀歎，隨口吟了一首《潛龍詩》：

傷哉龍受困，不能躍深淵。上不飛天漢，下不見於田。

蟠居於井底，鰍鱔舞其前。藏牙伏爪甲，嗟我亦同然。

曹髦把自己比作藏身井中的飛龍，被泥鰍、黃鱔之類欺凌戲弄，其意明顯是指司馬昭。

後來司馬昭見了這首詩，馬上與謀臣賈充商量。賈充告訴司馬昭：「曹髦是個很危險的人物，要早早殺掉。」

司馬昭點頭同意，要賈充準備此事。

曹髦見自己身邊的人都不可靠，便召侍中王沈、尙書王經、散騎常侍王業進京密商。曹髦說：「司馬昭之心，路人皆知。朕不能坐等被廢。今天，我與你等商議討賊之策。」

三人一聽此話，大吃一驚。王經對曹髦說：「春秋時魯昭公因爲不能忍受季氏專權，與之交兵失敗而逃，失去了國家，更爲天下人恥笑。如今司馬氏掌權已久，朝廷之上只知有司馬昭而不知有陛下。而且陛下宮中衛兵很少，憑藉什麼和司馬昭相鬥？不如緩而圖之。」

曹髦年輕少謀，頭腦衝動，武斷地說：「朕意已決，即使死也沒什麼可怕的，何況還未知勝負呢？」說完，自己進內宮稟告太后。

王沈、王業害怕司馬昭的權勢，立刻跑去告密。

第二天，少年皇帝曹髦揮劍登輦，率領數百人，直奔相府殺來。司馬昭接到王沈、王業密報，早已令賈充嚴密準備。

曹髦領兵與賈充相戰，賈充所領兵士有千餘人，曹髦奮力衝殺。曹髦畢竟是當今天子，衆兵見他衝來，趕緊後退。賈充一見，恐大事不成，大聲對成濟說道：「司馬公豢養你們這麼久，正是爲了今天，不趕緊動手，還等什麼？」

成濟連忙揮戈上前，一戈刺向曹髦胸口，曹髦揮劍抵擋不住，長戈當胸穿過，立即喪命。司馬昭在府中接到手下報告曹髦已死的消息，心中大喜，但表面上還是裝出悲痛的樣子，大哭不止。

曹髦已死，司馬昭召群臣上殿商議，問尚書左僕射陳泰：「今天的事情，你怎樣看？」

陳泰說：「只有斬賈充，才能以謝天下。」

司馬昭不願讓賈充做替罪羊，心想不如把殺死曹髦的責任全部歸罪於成濟，於是令人起草詔書，然後進宮逼郭太后下詔：「魏帝曹髦生性暴戾，誹謗太后，傷害大將軍。以致自陷大禍，著廢爲庶人，以民禮安葬，使內外皆知其所作所爲。」

詔書一下，司馬昭下令捕殺成濟。成濟自然不服，登上屋頂拒捕，並將司馬昭、賈充幕後指使的事全盤托出，結果被賈充命人亂箭射死。

事情過去十幾天，司馬昭爲了進一步掩飾殺君的罪名，收捕成濟家屬族人，交付廷尉處置。其實滿朝文武，包括郭太后在內，誰都明白，這不過是司馬昭爲了掩飾殺君之罪的障眼法而已。

【第12計】

順手牽羊

【原文】

微隙在所必乘，微利在所必得。少陰，少陽。

【注釋】

微隙、微利：指微不足道的間隙，微小的利益。

少陰，少陽：陰，這裡指疏忽、過失。陽，指勝利、成就。

【譯文】

敵人出現再小漏洞也必須乘機利用；再微小的好處，也要極力爭取。要把敵人的小漏洞，變爲我方的小勝利。

【計名探源】

順手牽羊是看準敵方出現的漏洞，抓住薄弱點，乘虛而入獲取勝利的謀略。指揮作戰時要善於創造、捕捉戰機，以積極的手段扭轉事態。

《孫子兵法》說：「兵以詐立，以利動，以分合爲變者。」《六韜》也說：「善戰者，見利不失，遇時不疑。」都是強調：善於指揮戰鬥的人，要適時捕捉戰機，乘隙爭利。

西元三八三年，前秦統一了黃河流域，勢力強大。前秦國主苻堅坐鎮項城，調集九十萬大軍，打算一舉殲滅東晉。

苻堅派其弟苻融爲先鋒攻下壽陽，初戰告捷。苻融判斷東晉兵力不多並且嚴重缺糧，建議苻堅迅速進攻東晉。苻堅聽從建議，不等大軍齊集，立即率幾千騎兵趕到壽陽。

東晉宰相謝安得知前秦百萬大軍尚未齊集，決定抓住時機，擊敗敵方前鋒，挫敵銳氣，於是派謝石爲大將軍統兵出征。

謝石先派勇將劉牢之率精兵五萬強渡洛澗，殺了前秦守將梁成。劉牢之乘勝追擊，重創前秦軍。謝石率師渡過洛澗，順淮河而上，抵達淝水一線，駐紮在八公山邊，與駐紮在壽陽的前秦軍隔岸對峙。

苻堅見東晉陣勢嚴整，立即命令堅守河岸，等待後續部隊。謝石感到機會難得，只能速戰速決。

他決定用激將法激怒驕狂的苻堅，派人送去一信，說道：「我要與你決一雌雄，如果你不敢決戰，還是趁早投降爲好。如果你有膽量與我決戰，你就暫退一箭之地，讓我渡河與你比個輸贏。」

苻堅看信後大怒，決定暫退一箭之地，等東晉部隊渡到河中間再回兵出擊，將晉兵全殲水中。不料，此時秦軍士氣低落，撤軍令下，頓時大亂。

秦兵爭先恐後，人馬衝撞，亂成一團，怨聲四起。這時指揮已經失靈，苻堅幾次下令停止退卻，但如潮水般撤退的人馬已成潰敗之勢。

這時謝石指揮東晉兵馬迅速渡河，乘敵大亂之際奮力追殺。前秦先鋒苻融在亂軍中被殺死，苻堅也中箭受傷，慌忙逃回洛陽，前秦大敗。

淝水之戰，東晉軍抓住戰機乘虛而入，是古代戰爭史以弱勝強的著名戰例。

孫堅順手得玉璽，劉表半路設伏兵

孫堅意外地得到了傳國玉璽，本該是件好事，但緊跟著壞事又來了，就是由於這顆傳國玉璽，為他引來了刀兵之災，可謂福禍相生，並不盡如人意！

董卓是東漢末年的國賊，以曹操、袁紹爲首的十八路諸侯各自興兵，結成盟軍共同討伐董卓。十八路諸侯在虎牢關外大戰董卓的義子呂布，結果呂布大敗。

董卓見大勢不妙，決定放棄洛陽，遷都長安，便火燒洛陽城，挾持天子望長安進發。孫堅見董卓火燒洛陽城，率兵長驅直入，飛奔洛陽，遙望城中火焰沖天，黑煙鋪地，二三百里，沒有雞犬人煙。孫堅命人撲滅宮中餘火，屯兵城內，在建章殿基上搭起大帳，令軍士掃除宮殿瓦礫。

這天夜裡星月交輝，孫堅按劍坐在帳外，見紫微垣中白氣漫漫，不禁仰天長歎。

這時，有一位軍士報告說：「有五色毫光從殿南井中射出。」

孫堅命人點起火把，下井打撈，撈起一具女人的屍體，屍體尚未腐爛。看穿著是宮裡裝束，脖子上掛著一個錦囊。打開錦囊，但見一個朱紅色的小匣，裡面放著一方玉璽，方圓四寸，五龍交紐纏繞著鐫刻在上面，玉璽缺了一角，底上刻有八個篆字：「受命於天，既壽永昌。」

程普說：「這是傳國玉璽，這塊玉是古時卞和進獻給楚文王的，後被秦始皇所得，秦始皇命優良的工匠雕琢成玉璽，李斯在上面篆刻了這八個字。後來高祖滅了秦國，子嬰將玉璽獻給他。王莽篡位時，孝元皇太后用印打王尋、蘇獻，因此玉璽崩了一角，後用黃金鑲補。光武帝中興，傳位至今，近來聽說十常侍作亂，劫少帝出北邙，回宮卻發現丟失了傳國玉璽。現今上天將此寶物授予主公，必有登帝的緣分。此處不可久留，應當速回江東另圖大事。」

孫堅說：「將軍之言甚合我意，明日我就託病告辭回江東。」

商議妥當，孫堅吩咐衆軍士不要說出去。沒想到，其中有一名士兵認爲這是進身的機會，連夜偷偷地去向袁紹報告。袁紹重賞他，並把他暗藏在軍中。

第二天孫堅向袁紹告辭：「我身體患病，想回長沙調養，特來向您告別。」

袁紹笑著說：「我知道，你患的是傳國玉璽病吧？」

孫堅一驚道：「這話從何說起？」

袁紹說：「現今興兵討賊，爲國除奸。玉璽是天子的信物，你既已得到，就應當留在這裡，等殺掉董卓之後，再還給朝廷。而你想把它藏起來據爲己有，不知想做什麼？」

孫堅說：「既然玉璽是天子的信物，怎麼會在我這裡？」

袁紹說：「趕緊拿出來，免得自取災禍！」

孫堅指天發誓說：「我如私自藏匿這寶物，日後不得善終，死於刀箭之下。」

衆諸侯勸道：「你既然這樣發誓，想必沒有。」

袁紹把那個軍士叫出來說：「認識這個人嗎？」

孫堅大怒，拔劍要殺那士兵。袁紹也拔劍說：「你要殺這人，就是欺騙我。」

袁紹背後的顏良、文醜見狀拔劍出鞘，程普、黃蓋、韓當一見也握刀在手。衆諸侯一齊勸住，孫堅隨即上馬回營，拔寨離洛陽而去。袁紹惱怒，修書一封，派心腹連夜送去給荊州刺史劉表，讓他在路上截擊孫堅，奪回玉璽。荊州刺史劉表是漢室宗親，待看完袁紹的書信後，令蒯越、蔡瑁帶一萬兵馬截擊孫堅。

不久，蒯越、蔡瑁擺開陣勢攔截孫堅，蒯越當先出馬。孫堅問：「蒯將軍為什麼帶兵擋我的去路呢？」

蒯越說：「你既為漢臣，為什麼私藏傳國玉璽？留下玉璽，放你回去！」

孫堅大怒，令黃蓋出戰。蔡瑁舞刀來戰，沒鬥幾個回合，蔡瑁大敗而走，孫堅趁勢揮兵殺過界口。突然，山後金鼓齊鳴，劉表親自帶兵前來，孫堅在馬上施禮說：「你為什麼相信袁紹，逼迫鄰郡呢？」

劉表卻說：「你私藏傳國玉璽，這不是要造反嗎？」

雙方剛要交戰，劉表便退了。孫堅縱馬去追，沒想到山後伏兵四起，蔡瑁、蒯越也回身殺過來，將孫堅團團圍住。程普、黃蓋、韓當三將死救，孫堅方才脫險，損失了大半軍兵，奪路回到江東。

世間的事情有時候很奇妙，努力想得到卻得不到，不費心思汲汲營營，卻意外地得到了，得到了並不一定是好事，沒得到並不一定是壞事。孫堅意外地得到了傳國玉璽，本該是件好事，但緊跟著壞事又來了，就是由於這顆傳國玉璽，為他引來了刀兵之災，可謂福禍相生，並不盡如人意！

周瑜奇計破曹兵，劉備順手得荊州

周瑜費了很大力氣才取下的南郡，卻被劉備竊取，諸葛亮又派人順手得了荊州、襄陽，使周瑜竹籃打水一場空，三處城池俱被劉備乘亂所得。

赤壁之戰後，周瑜一鼓作氣收復荊州，先派兵取了夷陵，然後回兵直逼南郡。南郡危急，曹仁與衆將商議，曹洪說：「如今失了夷陵，形勢危急，爲何不拆丞相的錦囊求計，以解此危？」

原來曹操兵敗赤壁，回兵許昌之前留下一個錦囊給曹仁，囑咐他到危急時刻打開。曹仁連忙拆書來看，接著依計而行，傳令五更做飯，城上遍插旌旗，虛張聲勢，兵分三門而出。

周瑜陳兵於南郡城外，見曹兵分三門而出，不禁感到奇怪，上將台觀看。只見女牆邊虛搠旌旗，無人守護，又見曹軍腰下都束縛包裹。

周瑜暗想，一定是曹仁守不住南郡，打算撤走，於是下將台，號令三軍取城。

曹洪出馬搦戰，周瑜派韓當出馬交戰，戰到三十餘合，曹洪敗走。曹仁親自出來交戰，周泰縱馬相迎；鬥十餘合，曹仁敗走。周瑜乘機指揮兩翼人馬殺出，曹軍大敗。周瑜親自引軍馬追至南郡城下，曹軍並沒有入城，而是往西北面逃走，韓當、周泰引前部盡力追趕。

周瑜見城門大開，城上又無人，下令衆軍搶城。數十騎當先而入，周瑜在背後縱馬加鞭，直入甕城。

陳矯在敵樓上，望見周瑜親自入城來，暗暗喝采道：「丞相妙策如神！」隨即，一聲梆子響，兩邊弓弩齊發，勢如驟雨。爭先入城的吳軍，都落入陷坑內。周瑜急勒馬回，被弩箭射中左脅，翻身落馬。魏將牛金從城中殺出，徐盛、丁奉二人捨命救去周瑜。吳兵自相踐踏，落坑者無數，程普急收軍時，曹仁、曹洪分兵兩路殺回。

吳兵大敗，幸好凌統引一軍從刺斜裡殺來，敵住曹兵。

丁、徐二將救得周瑜到帳中，隨行軍醫用鐵鉗子拔出箭頭，以金創藥敷掩瘡口，叮嚀說：「箭頭上有毒，傷口短時間內很難癒合。若怒氣衝激，創口一定復發。」

程普令三軍緊守各寨，不許輕出，曹軍多次前來罵戰，程普恐周瑜生氣，不敢報知。一日，曹仁自引大軍擂鼓吶喊搦戰，程普拒守不出。周瑜喚衆將入帳問話：「何處鼓譟吶喊？」

衆將回答：「軍中教演士卒。」

周瑜怒曰：「不必騙我！我已知曹兵常來寨前辱罵。程普既與然我同掌兵權，爲何坐視？」於是命人請程普入帳問話。

程普回話道：「我見都督病創未癒，不能觸怒，故曹兵搦戰，不敢報知。」

周瑜於床上奮然躍起道：「大丈夫食君俸祿，當戰死於疆場，以馬革裹屍爲榮耀！豈能爲我一人而廢國家大事呢？」

說罷，周瑜立即披甲上馬，諸軍衆將無不駭然。

周瑜引兵出營，見曹兵已布成陣勢，曹仁自立馬於門旗下，揚鞭大罵。周瑜從群騎內突然閃出，喝道：「曹仁匹夫！見周郎否！」

曹軍看見，盡皆驚駭。

曹仁回顧衆將道：「可大罵之！」

衆軍厲聲大罵，周瑜大怒，使潘璋出戰。未及交鋒，周瑜忽大叫一聲，口中噴血，墜於馬下。曹兵衝來，衆將向前抵住，救起周瑜。

回到帳中後，程普前來探視周瑜：「都督身體如何？」

周瑜秘密地對程普說：「這是我的破敵之計。」

程普問道：「如何用計？」

周瑜說：「我身本並沒什麼痛楚，之所以這樣，是想讓曹兵誤以爲我病危，產生輕敵心理。可派心腹軍士去城中詐降，說我已死，今夜曹仁必來劫寨。我在四下埋伏好精兵，則曹仁可一鼓而擒。」

程普鼓掌大笑道：「果然是妙計！」

二人商量完畢，馬上安排，不久帳下哀聲四起，大家都得知周瑜箭創迸發而死，各寨盡皆掛孝。

曹仁正在城中與衆將商議，認爲周瑜怒氣沖發，金創崩裂，以致口中噴血，墜於馬下，不久必亡。

正在議論，忽然有人來報，吳寨內有軍士來降。

曹仁連忙喚入問明情況。軍士回答說：「今日周瑜陣前金創迸裂，歸寨即死。

今衆將皆掛孝舉哀，我等皆受程普之辱，特來歸降。」

曹仁大喜，隨即商議當晚便去劫寨，奪周瑜首級，送赴許都請功。曹仁令牛金為先鋒，自為中軍，曹洪、曹純斷後，只留陳矯領少許軍士守城，其餘軍兵盡出。

魏軍初更後出城，直奔周瑜大寨。來到寨門，不見一人，但見虛插旌旗，知道中計，急忙退軍。忽然，四下炮聲齊發，東吳伏兵殺來。曹兵大敗，三路軍皆被衝散，首尾不能相救。

曹仁引十數騎殺出重圍，正好遇見曹洪，二人引殘兵敗將一同奔走。殺到五更，離南郡不遠，一聲鼓響，凌統又引一軍攔住去路，截殺一陣。曹仁引軍死戰走脫，又遇甘寧大殺一陣。曹仁不敢回南郡，直奔襄陽大路而行，吳軍追趕了一程後撤兵而回。

周瑜、程普收住衆軍，來到南郡城下，卻見城頭旌旗滿佈，城樓上趙雲喊話：「我奉我家軍師將令，已取南郡城多時了。」

周瑜大怒，下命攻城。頓時，城上亂箭射下，周瑜只好下令暫且回軍，派甘寧引數千軍馬取荊州，凌統引數千軍馬取襄陽，然後再取南郡。

正在這時，忽然探馬來報說：「諸葛亮得了南郡，又用兵符星夜詐調荊州守城軍馬來救，然後張飛襲了荊州。」

不消片刻，又有探馬來報說：「諸葛亮差人到襄陽，用兵符詐開城門，關雲長偷襲得手，取了襄陽。」

本來周瑜費了很大力氣才取下的南郡，卻被劉備竊取，諸葛亮又派人順手得了荊州、襄陽，使周瑜竹籃打水一場空，三處城池俱被劉備乘亂所得。

攻戰計

【第13計】

打草驚蛇

【原文】

疑以叩實，察而後動；復者，陰之謀也。

【注釋】

叩實：叩，詢問、查究。叩實，問清楚、查明眞象。

復：反覆，一次又一次。

陰之謀：隱密的計謀。

【譯文】

發現可疑情況就要弄清實情，只有偵察清楚以後才能行動；反覆瞭解和分析敵方的情況，是發現陰謀的重要方法。

【計名探源】

打草驚蛇，語出段成式《酉陽雜俎》：唐代王魯任當塗縣縣令，搜刮民財，貪污受賄。有一次，縣民控告他的部下主簿貪贓。他見到狀子，十分驚駭，情不自禁地在狀子上批了八個字：「汝雖打草，吾已驚蛇。」

《孫子兵法．九地篇》說：「敵人開闔，必亟入之。先其所愛，微與之期。踐墨隨敵，以決戰事。」

和敵人鬥智鬥力的時候，發現敵人有可乘之隙，必須立即乘虛而入，而不要洩漏本身的意圖和行動，要打破常規，根據敵情決定作戰方案。

打草驚蛇作爲謀略，是指敵方兵力沒有曝露，行蹤詭秘，意向不明時，切不可輕敵冒進，應當查清敵方主力配置、行動方向再說。

西元前六二七年，秦穆公發兵攻打鄭國，打算和安插在鄭國的奸細裡應外合，奪取鄭國都城。大夫蹇叔認爲秦國離鄭國路途遙遠，興師動衆長途跋涉，鄭國肯定會做好迎戰準備。

秦穆公不聽，派孟明視等三帥率部隊出征。

蹇叔在部隊出發時，痛哭流涕地警告說，恐怕你們這次襲鄭不成，反倒遭到晉國埋伏，只有到崤山去給士兵收屍了。

果然不出蹇叔所料，鄭國得到了秦國襲鄭的情報，逼走了秦國安插的奸細，做好了迎敵準備。秦軍見襲鄭不成，只得回師，但部隊長途跋涉，十分疲憊，經過崤山時，毫無防備意識。

他們以爲秦國曾對晉國剛死不久的晉文公有恩，晉國不會攻擊秦軍，哪裡知道，晉國早在崤山險峰峽谷中埋伏了重兵。

一個炎熱的中午，秦軍發現晉軍小股部隊，孟明視十分惱怒，下令追擊。追到山隘險要處，晉軍突然不見蹤影。孟明視一見此地山高路窄，草深林密，知道情況不妙。就在這時，鼓聲震天，殺聲四起，晉軍伏兵蜂擁而上，大敗秦軍，生擒孟明視等三帥。

秦軍不察敵情，輕舉妄動，「打草驚蛇」的結果，終於遭到慘敗。當然，軍事上有時也會故意「打草驚蛇」，引誘敵人曝露，從而取得戰鬥的勝利。

孔明故意打草，曹操無奈退兵

曹操性格多疑，諸葛亮因此用計設下險局，打草驚蛇、背水紮營、臨陣佯敗，使曹操驚疑不定，再次巧妙地擊潰了曹兵。

西元二一八年，劉備領兵十萬圍攻漢中，曹操聞報大驚，起兵四十萬親征。定軍山一役，蜀將黃忠計斬曹操大將夏侯淵。曹操大怒，親統大軍抵達漢水，準備與劉備決戰，為夏侯淵報仇。

蜀軍見曹兵勢大，退駐漢水之西，兩軍隔水相拒。劉備與孔明至營前觀察兩岸形勢，謀劃破敵之策。

孔明見漢水上游有一土山，可伏兵千餘。回營後命趙雲率領五百士兵，都帶上鼓角，伏於土山之下，只要聽到本營中炮響一次，便擂鼓吹角吶喊一通，但不可出戰。孔明自己則隱在高山上觀察敵軍動靜。

第二天，曹兵到陣前挑戰，見蜀營既不出兵，也不射箭，叫喊一陣便回去了。

到了深夜，孔明見曹營燈火已滅，軍士們剛剛歇息，便命營中放炮爲號，趙雲的五百伏兵立即鼓角齊鳴，喊聲震天。曹兵驚慌，疑心蜀兵劫寨，趕忙披掛出營迎敵。可出營一看，並不見蜀兵蹤影，便回營安歇。

待曹兵剛剛歇定，號炮又響，鼓角又鳴，吶喊又起。一夜數次，弄得曹兵徹夜不得安寧。一連三夜如此，致使曹操驚魂不定，寢食不安。

有人對曹操說，這是諸葛孔明的疑兵之計，建議不要理睬。曹操答說：「我豈不知是孔明的詭計！但如果多次皆假，卻有一次眞來劫營，我軍不備，豈不是要吃大虧？」

曹操無奈，只得傳令退兵三十里，找空闊之處安營紮寨。

諸葛亮用「打草驚蛇」之計逼退了曹兵，便乘勢揮軍渡過漢水。蜀軍渡漢水之後，諸葛亮傳令背水紮營，故意置蜀軍於險境，這又使曹操產生了新的疑惑，不知諸葛亮又將使什麼詭計。

因爲曹操深知「諸葛一生惟謹愼」，認爲他如果不是勝券在握，絕不會走此險棋。諸葛亮正是看中曹操這種心理，偏走此險棋來疑他、驚他，曹操在驚疑中，爲了探聽蜀軍虛實，下戰書與劉備約定來日決戰。

戰鬥剛開始，蜀軍便佯敗後退，往漢水邊逃去，而且多將軍器、馬匹棄於道路兩旁。曹操見狀，急令鳴金收兵。

手下將領疑惑地問曹操：「爲何不乘勝追擊，反令收兵？」

曹操說：「看到蜀兵背水紮寨，我原本就有懷疑，現在蜀兵剛交戰就敗走，而且一路丟下許多軍器、馬匹，更說明是孔明的詭計，必須火速退兵，以防上當。」

然而，正當曹兵開始掉頭後撤時，孔明卻舉起了號旗，揮指蜀兵返身衝殺過來，致使曹兵大潰而逃，損失慘重。

曹操性格多疑，雖然善於用兵，但用兵之時疑則多敗。看來，諸葛亮把曹操看透了，因此用計設下險局，打草驚蛇、背水紮營、臨陣佯敗，使曹操驚疑不定，再次巧妙地擊潰了曹兵。

周瑜用計不成，反遭譏笑

劉備手下在城裡大肆張揚，並拜見喬國老，這些都是為了「打草驚蛇」，驚動吳國太，孫權無法應付母親，又受不得輿論的壓力，只得將妹妹嫁給劉備。

《三國演義》中有句名語：「周郎妙計安天下，賠了夫人又折兵。」說的是周瑜用計不成，反遭譏笑。

諸葛亮幫劉備從東吳「借」走了荊州，周瑜爲了討回荊州，費盡了心思。後來聽說劉備死了夫人，周瑜便心生一計，建議孫權以入贅爲名，招劉備來江東，然後以劉備爲人質，討要荊州。

孫權聞聽，心中暗喜，便派呂範前往荊州說媒。

呂範到了荊州，對劉備說：「聽說皇叔剛剛喪偶，現有一門好親事，故不避嫌，特來作媒。」

劉備推辭，呂範說：「男人無妻，如屋無樑，豈可中道而廢人倫？我主吳侯有一妹，美且賢，願意侍奉皇叔。若兩家能結秦晉之好，曹操必不敢虎視東南。此事家國兩便，請皇叔不要猜疑。但我家國太吳夫人深愛女兒，不允遠嫁，務必請皇叔到東吳完婚。」

劉備設宴款待呂範，到了晚上便與諸葛亮商議。

諸葛亮叫劉備答應呂範，然後派趙雲保護劉備入東吳完婚，臨行賜給趙雲三條錦囊妙計。

建安十四年十月，劉備與趙雲、孫乾帶五百人，乘坐十條快船離開荊州，前往東吳。船剛一靠岸，趙雲依諸葛亮的第一條妙計行事，讓劉備先去拜見喬國老。

喬國老是江東二喬之父，劉備牽羊奉酒前往拜見，述說呂範爲媒，娶孫權妹之事。另外，令隨行五百軍士全都披紅掛彩，進城買辦物件，並大肆宣揚劉備要入贅東吳，使城中百姓盡知此事。

劉備辭別喬國老後，喬國老就去給吳國太賀喜。

吳國太問：「有何喜事？」

喬國老說：「令嬡已許配劉玄德爲夫人，今玄德已到，何故相瞞？」

吳國太大吃一驚，便派人去請孫權要問清究竟，一面又派人在城中打聽。派出的人都回報說：「確有此事，劉備已在館驛歇息，很多隨行軍士在城中買辦物品準備成親。」

孫權聽說國太傳喚，不知何事，便和周瑜入後堂見母親。國太捶胸大哭，孫權問道：「母親爲什麼啼哭？」

吳國太說：「男大當婚，女大當嫁，乃人之常理。我爲你母親，你招劉備爲妹婿，爲什麼瞞我？」

孫權吃了一驚，問道：「這話如何說起？」

吳國太說：「滿城百姓哪一個不知道？你還在瞞我！」

喬國老說：「老夫已知多時了，現今特來道喜。」

孫權說：「這不是眞的，是周瑜的計策，以成婚爲名，賺劉備來東吳，然後扣爲人質，用他換回荊州。」

吳國太聽完大怒，罵周瑜說：「你身爲六郡大都督，沒有一條計策取荊州，卻用我女兒來使美人計！如果殺了劉備，我女兒便是望門寡，以後再怎麼出嫁？」

孫權默默無語，吳國太仍舊不住口地罵周瑜。喬國老勸道：「事已至此，劉備是漢室宗親，不如眞的招他爲婿，免得出醜。」

孫權說：「恐怕年紀不相當。」

喬國老說：「劉備是當世英雄，如招爲夫婿，也辱沒不了郡主。」

吳國太說：「我沒有見過劉備，明日約他在甘露寺見面，如不中我意，任從你們行事；如中我的意，便把女兒嫁給他！」

孫權是大孝之人，只得聽從吳國太的意思。

第二天，吳國太在甘露寺見到劉備，認爲劉備有龍鳳之姿，於是讓女兒與劉備完婚。趙雲依照諸葛亮的錦囊妙計，劉備帶著夫人，安全地離開了江東。

諸葛亮的第一條妙計，就是「打草驚蛇」。劉備手下在城裡大肆張揚，並拜見喬國老，這些都是爲了「打草驚蛇」，驚動吳國太。孫權無法應付母親，又受不得輿論的壓力，只得將妹妹嫁給劉備。

【第14計】

借屍還魂

【原文】

有用者，不可借；不能用者，求借。借不能用者而用之，匪我求童蒙，童蒙求我。

【注釋】

有用者，不可借：意爲凡自身可以有所作爲的人，就不會甘願受別人利用。

不能用者，求借：意爲那些自身難以有所作爲的人，往往有可能被人藉以達到某種目的。

匪我求童蒙，童蒙求我：語出《易經．蒙卦》。蒙卦爲周易六十四卦的第四卦，蒙字本義是昧，指物在初生之時，蒙昧而不明白。蒙卦的卦象是下坎上艮。艮象山，坎象水；山下有水，是險的象徵；人處險地而不知避，便是蒙昧。童蒙，幼稚而蒙昧。此句意爲，不需要我去求助蒙昧的人，而是蒙昧的人有求於我。

【譯文】

有作爲的，不求助於別人，難以駕馭控制；無所作爲的人往往要依附別人，只能不斷向別人求助。利用無所作爲的人並順勢控制他，不是我受別人支配，而是我支配別人。

【計名探源】

借屍還魂，原意是說已經死亡的東西，又借助某種形式得以復活。用在軍事上，是指利用、支配那些沒有作爲的勢力來達到我方目的的策略。戰爭中往往有這類情況，對雙方都有作用的勢力，往往難以駕馭，很難加以利用，相對的，沒有什麼作爲的勢力，往往要尋求靠山。這時候，利用和控制這部分勢力，便可以達到取勝的目的。

借屍還魂是常見的計謀，通常利用沒有作爲或不能有所作爲的人加以控制，例如擁立傀儡或虛奉名號以圖擴張。

秦朝施行暴政，天下百姓「欲爲亂者，十室有五」。大家都想反秦，但是沒有強有力的領導者和組織者，難成大事。

秦二世元年，陳勝、吳廣被徵發到漁陽戍邊，這些戍卒走到大澤鄉時，連降大雨，道路被水淹沒，眼看無法按時到達漁陽了。

秦朝法律規定，凡是不能按時到達指定地點的戍卒，一律處斬。陳勝、吳廣知道，即使到達漁陽，也會因為誤期而被殺，不如拼死尋求一條活路；同去的戍卒也都有這種思想，正是舉兵起義的大好時機。

陳勝又想到，自己地位低下，恐怕沒有號召力，必須假借他人名號。當時有兩位名人深受人民尊敬：一個是秦始皇的大兒子扶蘇，仁厚賢明，已被陰險狠毒的秦二世暗中殺害，但老百姓卻不知情。另一個是楚將項燕，功勳卓著，威望極高，在秦滅六國之後不知去向。於是，陳勝打出他們的旗號，以期能夠得到大家擁護。他還利用迷信心理，巧妙地做了其他安排。

有一天，士兵做飯時，在魚腹中發現一塊絲帛，上面寫著「大楚興，陳勝王」（這個王字是稱王的意思），士兵大驚，暗中傳開。吳廣又趁夜深人靜之時，在曠野荒廟中學狐狸叫，士兵們還隱隱約約地聽到空中有「大楚興，陳勝王」的叫聲。他們以為陳勝不是一般的人，肯定是承「天意」來領導大家的。

陳勝、吳廣見時機已到，率領戍卒殺死朝廷派來的將尉。陳勝登高一呼，揭竿而起，自號為將軍，吳廣為都尉，攻佔了大澤鄉。後來，部下擁立陳勝為王，國號為「張楚」。

孔明借屍還魂，魏將聞風喪膽

蜀兵俱回旗返鼓，樹影中飄出中軍大旗，司馬懿大驚失色，定睛看時，只見中軍數十員上將，擁出一輛四輪車來，車上端坐孔明，綸巾羽扇，鶴氅皂絛。

劉備三顧茅廬，請出了諸葛亮。諸葛亮出山後，幫助劉備得荊州、取西川，成就了王霸之業。劉備死後，諸葛亮又輔佐劉禪，統兵伐魏，六出祁山未果，臥病在五丈原。諸葛亮知道自己不久人世，將自己平生所學傳授給姜維。

這一天，諸葛亮強支病體，令左右扶上小車，最後一次出寨遍觀各營，不覺秋風吹面，徹骨生寒，發出了「悠悠蒼天，曷此其極」的歎息。

回到帳中，諸葛亮病情更加沉重，於是向衆人一一囑託後事。

蜀漢建興十二年秋八月二十三日，諸葛亮病死軍中，終年五十四歲。姜維、楊儀遵諸葛亮遺命，不敢舉哀，依法成殮，安置龕中，令心腹將卒三百人守護。隨後楊儀傳密令，使魏延斷後，各處營寨一一退去。

司馬懿知道諸葛亮病勢沉重，令夏侯霸帶幾十名親兵前往五丈原山打探消息。夏侯霸引軍到五丈原看時，不見一人，急急回報：「蜀兵已盡退矣。」

司馬懿頓足道：「諸葛亮已死，可速追之！」

夏侯霸勸道：「都督不可輕追，當令偏將先往。」

司馬懿卻說：「此次須我親自追趕。」帶著司馬師、司馬昭一齊殺奔五丈原。殺入蜀寨時，空無一人。司馬懿對司馬師、司馬昭說：「你二人急催兵馬趕來，我先引軍前進。」

司馬師、司馬昭在後催軍，司馬懿自己引軍當先，追到山腳下，望見蜀兵就在前方不遠處，更加奮力追趕。

忽然，山後一聲炮響，喊聲大震，只見蜀兵俱回旗返鼓，樹影中飄出中軍大旗，上書一行大字：「漢丞相武鄉侯諸葛亮」。

司馬懿大驚失色，定睛看時，只見中軍數十員上將，擁出一輛四輪車來，車上端坐孔明，綸巾羽扇，鶴氅皂絛。

司馬懿大驚道：「諸葛亮尚在！我輕入重地，中其計矣！」回馬便走。

背後姜維大叫：「司馬懿休走！你中我家丞相之計了！」

魏兵魂飛魄散，棄甲丟盔，拋戈撇戟，各逃性命，自相踐踏，死者無數。

司馬懿奔走了五十餘里，背後兩員魏將趕上，扯住馬嚼環叫道：「都督莫怕，蜀兵去遠了。」

司馬懿喘息半晌，神色方定，與二將尋小路奔歸本寨，派眾將引兵四散打探。過了兩日，從鄉民處得到了確切消息：「蜀兵退入谷中時，哀聲震地，軍中揚起白旗，諸葛亮果然死了，只留姜維引一千兵斷後。前日車上之孔明，是木人。」

司馬懿歎道：「我能料其生，不能料其死也！」

司馬懿知孔明死信已確，再次引兵追趕。行到赤岸坡，見蜀兵已去遠，於是引兵而還，對眾將說：「諸葛亮已死，我等皆高枕無憂啦！」遂班師回長安去了。

諸葛亮用借屍還魂之計嚇退司馬懿，使蜀軍全身而退。

曹丕逼命，曹植七步賦詩

曹植不加思索，即口占一詩，曹丕聽完，潸然淚下，貶曹植為安鄉侯。曹丕本想找個理由殺掉曹植，幸好曹植的確才高八斗，為自己贏得生機。

建安二十五年春正月，曹操逝世，死前傳遺命，任曹丕爲世子。曹丕發喪，令諸子前來奔喪，不料臨淄侯曹植竟不來奔喪，曹丕派使者前往臨淄問罪。

不久，使者回報說：「臨淄侯每日與丁儀、丁廙兄弟二人酣飲，悖慢無禮。聞使命至，臨淄侯端坐不動，丁儀罵道：『昔日先王本欲立我家主人爲世子，被讒臣所阻；現今先王喪事未完，便問罪於骨肉，這是爲何？』丁廙又說：『我家主人聰明冠世，應當承嗣王位，現今卻沒得到王位。那些廟堂之臣，都不識人才！』臨淄侯竟命武士將使者亂棒打出。」

曹丕聽完大怒，即令許褚領虎衛軍三千，火速至臨淄將曹植等一干人擒來。曹丕殺掉丁氏兄弟，接著要處置曹植。曹丕之母卞氏聽曹植被擒，同黨丁儀等被殺，非常擔心，急忙出殿，召曹丕相見。

曹丕見母親出殿，忙來拜謁。卞氏哭著對曹丕說：「你弟弟曹植平生嗜酒疏狂，都是因自恃才高，你可念同胞之情，留下他的性命，我死後在九泉下也瞑目了。」

曹丕答道：「兒也深愛三弟之才，怎會加害他？現今只是要勸他改一改性格，母親勿憂。」

卞氏灑淚入後堂，曹丕召曹植入見。華歆問道：「剛才莫非太后勸殿下勿殺子建？子建懷才抱智，終非池中物，若不早除，必為後患。」

華歆獻計道：「大家都說子建出口成章，臣未深信。主公可以才試之。若不能，馬上殺之；若果能，則貶之，以絕天下文人之口。」

不一會兒，曹植入見，惶恐伏拜請罪。曹丕說道：「我與你雖是兄弟，又屬君臣，你怎敢恃才蔑禮？昔日父王在世，你常以文章示人，我懷疑必是他人代筆。我限你行七步吟詩一首。若果能，則免一死；若是不能，則從重治罪，絕不姑恕！」

曹植道：「請出題目。」

當時殿上懸一水墨畫，畫著兩隻牛，在土牆之下相鬥，一牛墜井而亡。曹丕指畫說道：「即以此畫為題，但詩中不許犯著二牛鬥牆下、一牛墜井死字樣。」

曹植行七步，其詩已成。詩曰：

兩肉齊道行，頭上帶凹骨。相遇塊山下，欻起相搪突。

二敵不俱剛，一肉臥土窟。非是力不如，盛氣不泄畢。

曹丕及群臣皆驚。

曹丕又道：「七步成章，我認為還是遲了，你能應聲而作詩一首嗎？」

曹植道：「請命題。」

曹丕說：「我與你是兄弟，以此為題，但不許用『兄弟』字樣。」

曹植不加思索，即口占一詩：

煮豆燃豆萁，豆在釜中泣。本是同根生，相煎何太急！

曹丕聽完，潸然淚下。其母卞氏也從殿後出來說道：「兄逼弟為何太急？」

曹丕慌忙離座答道：「國法不可廢。」於是，貶曹植為安鄉侯。

曹丕本想找個理由殺掉曹植，幸好曹植的確才高八斗，為自己贏得生機。

【第15計】

調虎離山

【原文】

待天以困之，用人以誘之，往蹇來返。

【注釋】

待天以困之：天，指天時、地理等客觀條件。困，作動詞使用，使困擾、困乏。句意爲：期待不利的客觀條件去困擾對方。

往蹇來返：語出《易經．蹇卦》。蹇卦的卦象爲艮下坎上，艮象山，坎象水。王弼注曰：「山上有水，蹇難之象。」故在此處，「蹇」，有難的意思。返，李鏡池《周易通義》注：「返，猶反，廣大美好貌。」往蹇來反，意思爲去時艱難，來時美好。

【譯文】

等待自然條件對敵人不利時再去圍困敵人，用人爲的假象去誘惑敵人，向前進攻有危險，那就想辦法讓敵人反過來攻我。

【計名探源】

《孫子兵法．始計篇》說：「利而誘之，亂而取之，實而備之，強而避之。」詭詐是用兵打仗的基本原則。如果敵人貪利，那就用利去引誘他；如果敵營混亂，那就要乘機攻破他；如果敵人力量充實，那就要加倍防範他；如果敵人兵力強大，那就設法避開他。

調虎離山用在軍事上，是一種調動敵人的謀略，核心在「調」字。虎，指敵方。山，指敵方佔據的有利地勢。如果敵方佔據了有利地勢，並且兵力衆多，防範嚴密，我方不可硬攻。正確的方法是設計誘敵，把敵人引出固守的據點，或者把敵人誘入對我軍有利的地區，這樣做才能取勝。

東漢末年，軍閥並起，各霸一方。孫堅去世之時，其子孫策年僅十七歲，年少有爲，繼承父志，勢力逐漸強大。

西元一九九年，孫策打算向北推進，奪取江北盧江郡。盧江郡南有長江之險，北有淮水阻隔，易守難攻。佔據盧江的軍閥劉勳勢力強大，野心勃勃。孫策知道，如果硬攻，取勝的機會很小，和衆將商議後，定出了一條調虎離山的妙計。

針對劉勳極其貪財的弱點，孫策派人送去一份厚禮，並在信中把他大肆吹捧了一番。信中說劉勳功名遠播，令人仰慕，並表示要與劉勳交好。此外，孫策還以弱者的身份向劉勳求救說：「上繚經常派兵侵擾我們，我們力量薄弱，不能遠征，請求將軍發兵降服上繚，我們感激不盡。」

劉勳見孫策極力討好他，萬分得意。

上繚一帶十分富庶，劉勳早就想奪取，見孫策一副軟弱無能的模樣，以為沒了後顧之憂，決定發兵上繚。部將劉曄極力勸阻，但劉勳被孫策的厚禮、甜言迷惑，不聽勸諫。

孫策時刻監視劉勳的行動，見劉勳親自率領幾萬兵馬去攻上繚，城內空虛，心中大喜，說道：「老虎已被我調出山了，我們趕快去佔據劉勳的老窩吧！」立即率領人馬水陸並進，襲擊盧江，幾乎沒遇到抵抗，就十分順利地控制了盧江。

劉勳猛攻上繚，一直不能取勝，突然得報孫策已攻取盧江，知道中了調虎離山之計，後悔不已，只得灰溜溜地投奔曹操。

諸葛亮鬥智，司馬懿氏中計

司馬懿原想用「調虎離山」之計燒掉蜀軍的糧草，想不到卻反而中了諸葛亮的「調虎離山」之計。兩軍對壘，不光是實力的較量，更是心機的較量。

蜀漢建興十二年（西元二三四年），諸葛亮六出祁山，領兵三十四萬伐魏，以姜維、魏延為先鋒，分五路進軍。

魏明帝曹叡聞報，立即命司馬懿為大都督，領兵四十萬至渭水之濱迎戰。曹叡仍不放心，又以手詔令司馬懿：「卿到渭濱，宜堅壁固守，勿與交鋒。蜀兵不得志，必詐退誘敵，卿慎勿追。待彼糧盡，必將自走，然後乘虛攻之，則取勝不難，亦免軍馬疲勞之苦。計莫善於此也。」

諸葛亮與司馬懿是沙場老對手，都知道對方兵法嫻熟，足智多謀，不好對付，所以戰前各自都做了周密部署，嚴陣以待。

諸葛亮在祁山選擇有利地形，分設左、右、前、後、中五個大營，並從斜谷到劍閣一線接連紮下十四個大營，分屯軍馬，前後接應，以防不測。

司馬懿則屯大軍於渭水之北，同時在水上架起九座浮橋，命先鋒夏侯霸、夏侯威領兵五萬渡河至渭水南岸紮營，又在大營後方築城駐軍，進可攻，退可守，穩紮穩打，務使魏軍立於不敗之地。

雙方經過兩次交鋒，互有勝負，司馬懿決定改變戰略，深溝高壘，堅守不出。

蜀軍勞師遠來，糧草供應頗爲困難，必須速戰速決，魏軍則以逸待勞，利於堅守。因而諸葛亮的主要策略，就是要誘敵出戰，調虎離山。然而司馬懿老謀深算，素以沉著、謹慎、穩重著稱，要調動司馬懿這隻「老虎」離山，談何容易！

先前廖化在追擊司馬懿時，得了司馬懿的頭盔，諸葛亮便派魏延拿著司馬懿頭盔前去討戰。魏軍將士皆怒，俱欲出戰。

司馬懿卻笑著說：「聖人云：小不忍則亂大謀。請勿出戰，堅守爲上。」

可是，再狡猾的狐狸，也鬥不過獵手。司馬懿這隻善於謀略，經驗豐富的「深山之虎」，最終被諸葛亮調出來了，還險些丟了性命。

諸葛亮深知，蜀軍此次遠征的弱點是遠離後方，糧草供應困難。同時，他也深知司馬懿正是看準了自己這項弱點，想使蜀軍斷糧自亂，乘機取勝。

於是，諸葛亮決定將計就計，以糧草供應設誘餌。

首先，諸葛亮分兵屯田，與當地老百姓結合耕種，就地生產糧食，以供軍需，擺出一副打持久戰的姿態。果然，司馬懿的長子司馬師沉不住氣了，對司馬懿說：「現在蜀兵以屯田做持久戰的打算，如此下去，如何是好？何不與蜀軍大戰一場，以決勝負！」

司馬懿卻說：「我等奉旨堅守，不可妄動。」司馬懿口頭上這麼說，其實心裡比誰都著急。

其次，諸葛亮自繪圖樣，令工匠造木牛流馬長途運糧，據《三國演義》上說木牛流馬「宛如活者一般，上山下嶺，各盡其便」，蜀營糧草源源不斷從劍閣運抵祁山大寨。

司馬懿聞報大驚說道：「吾所以堅守不出者，為彼糧草不能接濟，欲待其自斃耳。今用此法，必為久遠之計，不思退矣。如之奈何？」

此時，司馬懿已經曝露出破壞蜀軍屯田、運糧、屯糧計劃的心情。

接著，諸葛亮開始第三步計劃，引司馬懿上鉤。諸葛亮一方面在營外造木柵，營內挖深坑、堆乾柴，在營外周圍的山上虛搭窩鋪草營，造成蜀兵分散結營，與百姓共同墾田屯糧，而大營空虛的假象，以此引誘魏軍前來劫營。另一方面在上方谷內兩邊的山坡上虛置許多屯糧草屋，內設伏兵，同時讓軍士驅動木牛流馬，僞裝往來谷口運糧。諸葛亮自己則離開大營，引一支軍馬在上方谷附近安營，引誘司馬懿親領精兵來上方谷燒糧。

司馬懿見諸葛亮如此安排，想劫燒蜀軍的糧草，卻又極爲謹愼小心，深恐中了諸葛亮調虎離山的詭計，於是也使了個聲東擊西、調虎離山之計來對付諸葛亮。

司馬懿親領魏兵去劫蜀兵祁山大營，但卻一反過去讓主攻部隊走在前面的慣例，讓手下部將領兵直撲蜀營，自己在後引援軍接應。

司馬懿這樣做，一是擔心蜀營有準備，怕中了埋伏；二是他指揮魏軍劫蜀軍大營本屬佯攻，目的是調動蜀軍各營主力，甚至諸葛亮本人領軍前來營救，而他卻自領精兵奇襲上方谷，燒掉蜀方的糧草。

然而，司馬懿的這個調虎離山計，卻未能騙過諸葛亮。

諸葛亮早料到司馬懿這一招，因而當魏軍直撲蜀軍大營時，他只安排蜀軍四處奔走吶喊，故作聲勢，裝做各路兵馬都齊來援救的態勢，另派精兵去奪渭水南岸的魏營，自己卻在上方谷等待司馬懿來「燒糧」，以便「甕中捉鱉」。

司馬懿父子果然中計，見四處蜀軍都急急忙忙奔回大營救援，趁機率親兵殺奔上方谷來。蜀將魏延依諸葛亮安排，用詐敗的方法將司馬懿父子誘進谷中，然後派兵截斷谷口。一聲令下，山谷兩旁火箭齊發，地雷突起，草房內乾柴全都著火，烈焰沖天。

司馬懿驚得手足無措，下馬抱著兩個兒子大哭：「想不到我父子三人皆死於此處！」眼看司馬氏父子就將葬身火海，忽然狂風大作，黑雲瀰漫，一場傾盆大雨澆滅了大火，救了三人的性命。

司馬懿原本拿定了深溝高壘、堅守不出的策略，結果仍被諸葛亮調下了山。他原想用「調虎離山」之計燒掉蜀軍的糧草，想不到卻反而中了諸葛亮的「調虎離山」之計，還險些喪命。

由此可知，兩軍對壘，不光是軍事實力的較量，更是心機與意志力的較量，計中有計，人外有人。

曹操調虎離山，逼降關雲長

曹操在逼降關羽這件事上，成功地運用了調虎離山之計，採用程昱之計先引「老虎」出城，然後將其引誘到絕地，再用重兵截斷其歸路，迫其就範。

老虎在深山中很難制服，不如將其引誘出來，再設法擒之。關羽在《三國演義》中是隻老虎，曹操想要收服他，便採用了調虎離山的計策。

劉備與馬騰、董承、王子服等人共同謀殺曹操，不料事情洩漏。劉備被曹操殺得大敗，隻身投奔袁紹，張飛不知去向，關羽保著劉備的家小困守下邳。

曹操急喚衆謀士議取下邳，荀彧說：「關羽保護劉備妻小，死守此城，若不速取，恐爲袁紹所竊。」

這時，大將張遼說道：「我與關羽有些交情，願意前去勸說他歸降。」

程昱說：「文遠雖與關羽有舊交，但關羽非言詞可以說服。我有一計，使他進退無路，然後再派文遠說服，定然能歸降丞相。」

曹操忙問何計，程昱說：「關雲長有萬夫不當之勇，非智謀不能取之。可以派劉備手下降兵，入下邳城見關羽，伏於城中做內應。另派人引關羽出戰，詐敗佯輸，將他誘至他處，以精兵截其歸路，然後再勸說他歸降。」

曹操大喜，隨即命令徐州降兵數十名，前去下邳城投奔關羽。關羽以為舊兵，留而不疑。次日，曹操派夏侯惇為先鋒，領兵五千來挑戰。關羽不出戰，夏侯惇派人於城下辱罵。關羽大怒，引三千人馬出城與夏侯惇交戰。戰了十餘合，不分勝負，夏侯惇撥馬回走。

關羽追趕約二十里，恐下邳有失，想提兵返回。只聽得一聲炮響，徐晃、許褚兩支人馬截住去路，兩邊伏兵排下硬弩，箭如飛蝗。

關羽奮力殺退二人，引軍欲回下邳，夏侯惇又截住廝殺。關羽戰至傍晚，無路可歸，只得退到一座土山，引兵屯於山頭。

曹兵將土山團團圍住，關羽於山上遙望下邳城中火光沖天，心中驚惶，連夜幾番衝下山來，皆被亂箭射回。

此時關羽情知中計，卻也無奈，捱到天亮，再欲整頓下山衝突，忽然看見一人拍馬上山來，原來是張遼。

張遼上山來勸關羽投降曹操，關羽寧死不降，張遼曉以利害，關羽迫於無奈，提出三個條件：第一，關羽只降漢帝，不降曹操；第二，請曹操給劉備二位夫人俸祿養贍，一應上下人等，不許到門騷擾；第三，一旦知道劉備去向，不論何處，便當辭去。

張遼回去見曹操，說明關羽投降條件，曹操權衡一番後應允，於是關羽投降了曹操。

曹操在逼降關羽這件事上，成功地運用了調虎離山之計，採用程昱之計先引「老虎」出城，然後將關羽引誘到絕地，用車輪戰勞其心神，再用重兵截斷其歸路，迫其就範。現實生活中這種事很多，正面硬拼不行，不如用此計策，畢竟以力服人，不如以智服人。

【第16計】

欲擒故縱

【原文】

逼則反兵，走則減勢。緊隨勿迫，累其氣力，消其鬥志，散而後擒，兵不血刃。

「需，有孚，光。」

【注釋】

反兵：回師反撲。

走則減勢：走，逃走。勢，氣勢。句意爲：讓敵人逃走，減弱其氣勢。

累其氣力，消其鬥志：累，消耗。消，瓦解。意思是：消耗敵人氣力，瓦解對方的鬥志。

兵：兵器。

血刃：血染刀刃，即作戰。

需，有孚，光：語出《易經．需卦》。需卦的卦象爲乾下坎上，乾象剛、健，坎象水、險。需，等待之意。以剛、健遇水、險，故須等待，不要急進，以免陷入險境。孚，信服；有孚，爲人信服。光，光明、通達。此句意思爲：身處險境要善於等待，如果能讓對方相信，就會前途光明，大吉大利。

【譯文】

把敵人逼得太緊，對方就會拼命反撲，讓敵人逃跑則可以消滅對方的氣勢。對逃跑之敵要緊緊跟隨，但不能過於逼迫，藉以消耗其體力，瓦解其鬥志。等到敵人士氣低落、軍心渙散時再行捕獲，這樣就可以避免不必要的流血犧牲。

總之，不進逼敵人，並讓對方相信這一點，就能贏得戰爭的勝利。

【計名探源】

欲擒故縱中的「擒」和「縱」是相對的，在軍事上，「擒」是目的，「縱」則是方法。

古人有「窮寇莫追」的說法，實際上不是不追，而是不要緊追，要是把敵人逼急了，對方只得竭盡全力拼命反撲。不如暫時放鬆一步，使敵人喪失警惕，鬥志鬆懈，然後再伺機而動，殲滅敵人。

諸葛亮七擒孟獲

諸葛亮七擒七縱，「縱」的是孟獲其人，而最終「擒」得的是蠻王及蠻方百姓的心。從此，蜀國南方無憂，諸葛亮便可全心致力於伐魏。

西元二二五年（蜀後主建興三年），南蠻王孟獲率兵十萬反蜀，聲勢甚大，蜀丞相諸葛亮奉旨率五十萬大軍南征。

第一次兩軍對陣，孟獲戰敗，被蜀將魏延活捉。諸葛亮問他是否心服？孟獲說：「山僻路狹，誤遭埋伏，如何肯服？你若放我回去，整軍再戰，若再被擒，我便肯服。」諸葛亮當即放了他，並給他衣服、鞍馬、酒食，派人送他上路。

第二次諸葛亮派馬岱夜渡瀘水，斷了蠻軍糧道，孟獲被部將董荼那、阿會喃等縛送蜀營。諸葛亮對孟獲說：「你前次說，若再被擒，便肯降服。今日如何？」

孟獲說：「這次是我手下人反叛，以至如此，如何肯服？」

諸葛亮又將他放了，並領他參觀蜀軍大寨，親自送至瀘水邊，派船將他送回。

孟獲第二次被放回後，與其弟孟優商議以詐降方式夜襲蜀營。孟優引百餘蠻兵，搬載金珠、寶貝、象牙、犀角之類，渡過瀘水，逕投蜀軍大寨而來。

諸葛亮聞報，很快識破蠻兵詭計，決定將計就計再擒孟獲，於是吩咐趙雲、魏延、王平、馬忠等依計而行，召孟優進帳，然後設酒款待。

孟獲在帳中聽候消息，探子回來稟報：「諸葛亮收了禮物大喜，殺牛宰羊，設宴款待。二王（孟優）命我回話，今夜二更，裡應外合，可成大事。」

孟獲與沖沖領兵前來，又中諸葛亮之計，第三次被活捉。

但孟獲仍然不服，辯稱：「這是因爲我弟弟貪杯，誤吃了你們的毒酒，並非我沒有能耐，如何肯服？你放我兄弟回去，我們收拾兵馬和你大戰一場，若再被擒，方肯死心塌地歸降。」

諸葛亮又將孟獲放了。孟獲忿忿回歸本營，派人帶上金銀珠寶往八番三十甸各部落借得精健蠻兵數十萬，一路殺氣騰騰來戰蜀軍。諸葛亮避其鋒芒，領軍退至西洱河北岸紮營，然後派精兵暗渡南岸，抄了蠻軍後路，第四次將孟獲活捉。

諸葛亮怒斥孟獲：「這次又被我擒了，還有何話可說？」

孟獲說：「我誤中詭計，死不瞑目。」

諸葛亮聲言要斬，孟獲全無懼色，要求再戰，諸葛亮第四次又將他放了。

孟獲回去後，又聚集數千蠻兵躲入禿龍洞，與該洞洞主朵思憑藉險山惡水，據守不出。孔明走訪當地老人，尋得解毒甘泉和可辟瘴氣的薤葉芸香，避過毒泉惡瘴，引軍逕取禿龍洞。二十一洞主楊鋒感念諸葛亮活命之恩，略施小計擒住孟獲、孟優、朵思等人獻予諸葛亮。

諸葛亮見到孟獲，笑道：「你今番又被我擒住，還有什麼話說？」

孟獲說：「這並不是你的能耐，而是我洞中之人自相殘殺，才被你捉住，要殺便殺，只是不服。」

諸葛亮說：「你因何不服？前者你賺我軍進入無水之地，更以啞泉、滅泉、黑泉、柔泉加害，我軍無恙，這不是天意嗎？你如何還執迷不悟？」

孟獲仍不服，並說：「我祖居銀坑山，有三江之險，重關之固，你若能到那裡擒我，我便子子孫孫傾心服事。」

諸葛亮只得第五次又將他和孟優、朵思等人放了。

孟獲連夜奔回銀坑山老巢，又請來八納洞洞主木鹿驅三萬獸兵助戰。

諸葛亮破了孟獲之妻祝融夫人的飛刀，布假獸戰勝木鹿的獸兵，識破孟獲妻弟帶來洞主假縛孟獲夫妻獻降詭計，第六次生擒孟獲。但孟獲說：「這次是我等自來送死，不是你們的本領，如第七次被擒，則傾心歸服，誓不再反。」

孟獲回洞後，採納妻弟帶來洞主的建議，從烏戈國請來三萬刀箭不入、渡水不沉的藤甲兵，屯於桃花渡口。諸葛亮設疑兵，一步一步地將藤甲兵誘入預伏乾柴、火藥、地雷的盤蛇谷，縱烈火將烏戈國的三萬藤甲兵燒了，第七次生擒孟獲。

諸葛亮令人設酒食招待孟獲夫婦及其宗室，叫孟獲回去再招人馬來決戰。

這一次，孟獲卻不走了，並說：「七擒七縱，自古未有。我等雖然是化外之人，也懂得禮義，難道就如此沒有羞恥嗎？」於是領各洞蠻民誠心歸順。

諸葛亮命孟獲繼續爲蠻王，所奪之地盡皆退還，蜀軍班師，孟獲親自送諸葛亮渡過瀘水。後來孟獲仕蜀，官至御史中丞，終蜀之世，蠻方一直太平無事。

諸葛亮七擒七縱，「縱」的是孟獲其人，而最終「擒」得的是蠻王及蠻方百姓的心。從此，蜀國南方無憂，諸葛亮便可全心致力於伐魏。

徐氏欲擒故縱報大仇

徐氏一面找心腹密謀設計報仇，一面派人火速報告孫權。為了迷惑二人，她決定各個擊破，先設計殺了媯覽，又捕殺了戴員，用欲擒故縱之計為丈夫報仇。

《三國演義》中描寫的女性不多，其中有一位有勇有謀的徐氏。

丹陽太守孫翊是孫權的弟弟，性情剛烈且好飲酒，酒醉後常常鞭打士卒。丹陽督將媯覽、郡丞戴員二人心懷不軌，興起殺孫翊之心。於是，他們跟孫翊的貼身侍衛邊洪相互勾結、結為死黨，一同謀劃要殺死孫翊。

某天，丹陽眾將和諸縣令齊聚丹陽郡，孫翊設宴相待。孫翊的妻子徐氏美艷聰慧，而且善於卜《易》。當天徐氏卜了一卦，卦象為大凶。她覺得不祥，便勸孫翊不要出去會客。

孫翊不聽，前去大會賓客，與諸將、眾縣令飲宴到夜晚方才席散，邊洪帶刀跟出門外，當即抽刀殺死了孫翊。

事後，嬀覽、戴員把殺孫翊之罪皆歸於邊洪，並把邊洪殺死在集市上。嬀覽、戴員二人趁機掠奪孫翊的財產和侍妾。嬀覽見徐氏貌美，想霸佔她，對她說：「我為妳丈夫報了仇，妳應當依從我；如果不依從，就休想活命！」

徐氏說：「我丈夫剛剛去世，不忍心相從，等到祭日，設物祭祀除去孝服，然後與將軍成親不遲。」

嬀覽很高興，答應了。

徐氏答應嬀覽，只是權宜之計，隨後密召孫翊心腹舊將孫高和傅嬰二人入府，哭泣著說：「先夫在世的時候，常說二位忠義。現在嬀覽、戴員二人設計謀害了我丈夫，把罪名推給邊洪，還瓜分我家的資財和奴婢。嬀覽又想強佔妾身，我已假意應允，用來穩住他。兩位將軍可星夜派人給吳侯送信，同時再設密計捕殺二賊，好報這深仇大辱，我生死都會感念兩位將軍的大恩！」說完又拜。

孫高、傅嬰二人全都哭著說：「我們感激府君平日的知遇之恩，今天之所以不立即赴死，就是想著為府君報仇。夫人有所命令，我等定當以死效力！」

於是，孫高、傅嬰二人密派心腹使者星夜向孫權報告。

到了祭日，徐氏叫孫、傅二人埋伏在密室的幃幕之中，然後在堂上祭奠。祭奠已畢，徐氏立即除去孝服，沐浴薰香，嬀覽聽說後十分高興。

到了夜晚，徐氏吩咐婢女請嬀覽入府，在堂上設宴飲酒。嬀覽酒醉後，徐氏大呼道：「孫、傅二將軍何在？」孫高、傅嬰二人立即從幃幕中持刀躍出。嬀覽措手不及，被砍倒在地，當場斃命。

徐氏又傳請戴員赴宴，戴員走到堂中，也被孫、傅二將所殺。誅殺二人家小及其餘黨後，徐氏又重穿孝服，把嬀覽、戴員二人的首級祭在孫翊靈前。

沒過一天，孫權親自領兵來到丹陽，見到徐氏已經殺了嬀覽、戴員二賊，封孫高、傅嬰為牙門將，命其守丹陽，並接走徐氏回家養老。

徐氏設計擒賊是經過精心設計的。她清楚殺死丈夫的兇手是嬀覽、戴員，表面答應了二人無恥要求，先穩住二人。私下則找心腹密謀設計報仇，並派人火速報告孫權，以求萬全之策。最後，為了迷惑二人，她決定各個擊破，先設計殺了嬀覽，又捕殺了戴員，然後再派人誅殺了二賊全家。

徐氏雖為女流，卻大謀大勇，用欲擒故縱之計為丈夫報了大仇。

【第17計】

拋磚引玉

【原文】

類以誘之，擊蒙也。

【注釋】

類：類似、同類。類以，用相類似的東西。

擊蒙：擊，打擊；蒙，蒙昧。語出《易經．蒙卦》：「擊蒙，不利為寇，利禦寇。」蒙卦的卦象為坎下艮上，其上九爻，為陽爻處於蒙卦之終，按王弼的解釋，其喻意為「處蒙之終，以剛居上，能擊去童蒙，以發其昧也，故曰『擊蒙』也。故不利為寇，利禦寇也」。大意是：上九爻以陽剛之象居於前五爻之上，所以能給蒙昧者以開導、啓迪。為盜寇之人，自然屬於蒙昧者之列，所以，如果占卦時占到本爻，則對為盜寇者不利，而對防禦盜寇者有利。此處借用此語，意思是，打擊那些受我方誘惑而處於蒙昧狀態的敵人。

【譯文】

用非常相似的東西誘惑敵人，趁敵人懵懵懂懂地上當時，再狠狠地打擊。

【計名探源】

拋磚引玉，出自《傳燈錄》。相傳唐代詩人常建，聽說趙嘏要去遊覽蘇州的靈岩寺，爲了請趙嘏作詩，他便先在廟壁上題寫了兩句。趙嘏見到後，立刻提筆續寫了兩句，而且比前兩句寫得好。後來，文人稱常建的這種做法爲「拋磚引玉」。

此計用於軍事，是指先用類似的事物去迷惑、誘騙敵人，使其懵懂上當，然後乘機擊敗敵人的計謀。

《孫子兵法》說：「故善動敵者，形之，敵必從之；予之，敵必取之；以利動之，以卒待之。」

意思是，善於調動敵人的將帥，會以僞裝假象迷惑敵人，會以小利益來調動敵人，會以嚴整的伏兵來等待敵人進入圈套。

「磚」和「玉」是種對比。「磚」指的是小利，是誘餌；「玉」指的是作戰的目的，即大的勝利。「拋磚」是爲了達到目的的手段，「引玉」才是眞正目的。就像釣魚需用釣餌，讓魚兒嘗到一點甜頭才會上鉤，要讓敵人占一點便宜，才會誤入圈套。

張飛設計擊敗張郃

張郃詐敗，指望兩隊伏兵殺出，來圍困張飛。不想魏延率兵將伏兵趕入峪口，用車輛堵住山路，放火燒車，煙火堵住道路，伏兵無法殺出。

拋磚引玉之計用在軍事上，常常會取得意想不到的收穫。《三國演義》中以智勝人之處頗多，張飛是猛將的典型，但用起計謀也頗值得玩味。

曹操聽說蜀兵要攻取漢中，急派曹洪、張郃率兵增援漢中地區的夏侯淵。

張郃急於立功，率兵向巴西殺奔而來。蜀中名將張飛正屯兵於巴西，聽說曹操增援漢中，張郃引兵前來，急喚副將雷銅商議。

雷銅說：「閬中地惡山險，可以埋伏。將軍引兵出戰，我出奇兵相助，一定能擒住張郃。」

張飛依計而行，讓雷銅率五千精兵埋伏，自己引兵一萬去迎戰張郃。離閬中三十里，張飛與張郃兵相遇。

兩軍大戰時，張郃忽然望見山背後出現蜀軍旗幡，不敢戀戰，指揮士兵撤退。張飛從後掩殺，前面雷銅又引兵殺出，兩下夾攻，張郃兵大敗。張飛、雷銅連夜追襲，直趕到宕渠山。張郃守住大寨，多置擂木、炮石，堅守不戰。

張飛離宕渠十里下寨，次日引兵討戰，張郃並不出戰。

張飛令士兵百般辱罵，張郃在山上也派士兵辱罵，張飛無計可施。相拒五十餘日，張飛想出一計，就在山前紮住大寨，每日飲酒，飲至大醉就坐在山前辱罵。

劉備得知張飛終日飲酒，大驚之餘連忙和諸葛亮商議。諸葛亮笑著說：「原來如此！軍前恐無好酒，成都佳釀極多，可以將五十罈裝作三車，送到軍前讓張將軍痛飲。」

劉備說：「我家三弟本來好飲酒誤事，軍師為何還要送酒給他？」

諸葛亮笑著說：「主公與三將軍做了多年兄弟，還不知其為人？三將軍本性剛強，然入川時義釋嚴顏，這絕非勇夫所為。現今他與張郃相拒五十餘日，酒醉之後，便坐山前辱罵，這並非貪杯，是打敗張郃之計也。」

劉備說：「雖然如此，不可大意，可派魏延相助。」

諸葛亮令魏延解酒赴軍前，車上各插黃旗，大書「軍前公用美酒」。

魏延奉了諸葛亮的軍令，解酒到寨中。張飛拜謝完畢，分付魏延、雷銅各引一支人馬，爲左右翼，交代只要看軍中紅旗起，便各進兵。接著，張飛命人把酒擺列帳下，令軍士開懷暢飲。

魏軍細作將此事報上，張郃親自到山頂觀望，見張飛坐在帳下飲酒，大怒說：「張飛欺我太甚！」傳令今夜下山劫張飛的大寨。

當天夜晚，張郃乘著月色微明，引軍從山側而下，來到張飛寨前。張飛營中燈燭高照，張郃殺入中軍，但見張飛端坐不動，縱馬到面前，一槍刺倒，卻是一個草人。張郃知道中計，急勒馬後退，頓時帳後連珠炮起，張飛挺矛躍馬，直取張郃。兩將在火光中戰到三五十合，張郃見山上火起，知道被張飛後軍奪了大寨，只得奔瓦口關而去。

張飛大獲全勝，報入成都。劉備大喜，方知張飛飲酒是計，要誘張郃下山。

張郃退守瓦口關，三萬軍已折了二萬，心裡十分著急，只得設計分兩軍去關前山側埋伏，吩咐兩軍說：「我詐敗，張飛必然趕來，你等就截斷他的歸路。」

當日張郃引軍前進，與張飛大戰。張郃詐敗，張飛知道是計，便收軍回寨，與魏延商議：「張郃用埋伏計，我等何不將計就計？」

魏延問道：「如何用計？」

張飛說：「我明日先引一軍前去引戰，你引精兵隨後出發，等魏軍伏兵一出，你可分兵擊之。用十餘輛車各藏柴草塞住小路，放火燒之。我乘勢擒住張郃。」

魏延領命而行。

第二天，張飛引兵討戰，張郃率兵交鋒。不久，張郃又詐敗，指望兩隊伏兵殺出來圍困張飛。不想魏延率兵將伏兵趕入峪口，用車輛堵住山路，放火燒車，山谷草木皆著火，煙火堵住道路，伏兵無法殺出。

張飛率軍衝突，張郃大敗，死命殺開條路，堅守瓦口關。

張飛和魏延連日攻打瓦口關不下，引數十親兵親自探路，忽然看見男女數人各背小包，於山路上攀附著藤葛而走。

張飛對魏延說：「奪瓦口關，關鍵就在這幾個百姓身上。」吩咐軍士：「不要驚嚇他們，好生將他們喚來。」

軍士連忙將這幾個百姓喚到馬前，張飛好言安慰，並問他們從什麼地方來。

百姓回答說：「我們是漢中居民，今要還鄉。聽說大軍廝殺，堵塞了閬中官道，現今過蒼溪，從梓潼山入漢中返家去。」

張飛問道：「這條路離瓦口關多遠？」

百姓說：「梓潼山小路前面就是瓦口關背後。」

張飛大喜，帶百姓入寨贈以酒食，並吩咐魏延：「你帶兵在關前攻打，我親自引輕騎出梓潼山攻打關後。」

張郃得知魏延在關下攻打，便披掛上馬，未等下山，忽然聞報：「關後四五路火起，不知何處兵馬。」

張郃親自領兵迎戰，見來人竟是張飛，大驚之餘急往小路而走，逃脫之後，隨行士兵只有十餘人。

張飛和嚴顏鬥智鬥勇

嚴顏最終鬥不過，被張飛生擒。分析整個戰役，張飛儼然是智勇雙全的大將，一改勇而無謀的常態，和老將軍嚴顏鬥智鬥勇，用假張飛賺回了一位真義士。

在《三國演義》中，張飛是個莽撞勇猛的角色，不過用起智謀來，也有可圈可點之處。尤其是義釋嚴顏之事，足可見智勇雙全的一面。

劉備得了荊州之後，帶著軍師龐統去取西川，不料龐統被張任在落鳳坡前亂箭射死。劉備只得派人請諸葛亮帶兵入川，由關羽把守荊州。

諸葛亮先撥精兵一萬，由張飛率領，取大路殺奔巴州、雒城之西，又撥一支人馬，令趙雲爲先鋒，溯江而上。張飛臨行時，諸葛亮囑咐道：「西川豪傑甚多，不可輕敵。一路上戒約三軍，不得擄掠百姓，以失民心，所到之處，並宜存恤，不要隨意鞭撻士卒。望將軍早會雒城，不可有誤。」

張飛欣然領諾，所到之處，秋毫無犯。前至巴郡時，探馬回報：「巴郡太守嚴顏，乃蜀中名將，年紀雖高，精力未衰，善開硬弓，使大刀，有萬夫不當之勇。據住城郭，不肯投降。」

張飛率兵離城十里下寨，派人入城送信：「說與老匹夫，早早來降，饒你滿城百姓性命。若不歸順，即踏平城郭，老幼不留！」

嚴顏聽說劉璋派法正請劉備入川，歎道：「正所謂獨坐窮山，引虎自衛！」後來又聽說劉備據住涪關，大怒，屢次欲提兵往戰，又恐巴郡不保。聞知張飛兵到，便點起本部五六千人馬，準備迎敵。

有人獻計道：「張飛在當陽長阪，一聲喝退曹兵百萬之衆，曹操亦聞風而避，不可輕敵，不妨深溝高壘，堅守不出。張飛人馬糧草不多，不過一月，自然退去。更兼張飛性如烈火，好酒後鞭撻士卒，如不與交戰，必然發怒，一怒必用暴厲之氣對待軍士。對方軍心一變，我們乘勢擊之，定能擒住張飛。」

嚴顏依計而行，教軍士盡數上城守護，並把張飛派來勸降的使者割下耳鼻，放出城去。張飛大怒，咬牙睜目，披掛上馬，引數百騎來巴郡城下搦戰。城上衆軍百般痛罵，張飛性急，幾番殺到吊橋，要過護城河，又被亂箭射回。

次日早晨，張飛又引軍去搦戰。嚴顏在城敵樓上，一箭射中張飛頭盔。張飛指著嚴顏發恨說：「若拿住你這老匹夫，我親自食你肉！」到晚上又空回。

第三日，張飛引了軍沿城叫罵，但連罵了三天，嚴顏就是不出戰。

張飛只好傳令軍士四散砍打柴草，尋覓路徑，不再搦戰。嚴顏在城中，連日不見張飛動靜，心中疑惑，命十幾個小兵扮作張飛砍柴的軍士，前探聽消息。

這日諸軍回寨，張飛坐在寨中，頓足大罵，只見帳前三四個人說道：「將軍不須心焦，這幾日我們打探得一條小路，可以偷過巴郡。」

張飛吩咐：「事不宜遲，今夜二更造飯，趁三更月明拔寨起兵，人銜枚，馬去鈴，悄悄而行。」

嚴顏的軍士聽得這個消息，立即回報。

嚴顏大喜，即時傳令：軍士準備赴敵，劫殺張飛！

近夜，嚴顏全軍盡皆飽食，披掛停當，悄悄出城，四散伏住，嚴顏自引十數裨將，下馬伏於林中。約三更後，遙望見張飛親自在前，橫矛縱馬，悄悄引軍前進。剛過去不到三四里路，後面車仗人馬陸續進發。嚴顏下令擂鼓，四下伏兵盡起。

不料，背後突然一聲鑼響，一彪軍殺到，大喝：「老賊休走！張飛在此！」

嚴顏猛回頭看時，爲首一員大將豹頭環眼，燕頷虎鬚，使丈八矛，騎烏騅馬，正是張飛。嚴顏見了張飛，舉刀交戰，最終鬥不過，被張飛生擒。

川兵見主將被俘，大半棄甲倒戈而降。張飛殺到巴郡城下入城，傳令休殺百姓，出榜安民。左右把嚴顏推至，張飛坐於廳上，嚴顏不肯下跪。

張飛怒目咬牙大喝道：「大軍到此，因何不降，而敢拒敵？」

嚴顏全無懼色，回叱張飛道：「你等無義，侵我州郡！但有斷頭將軍，無投降將軍！」

張飛大怒，喝令左右推出斬首。

嚴顏喝道：「賊匹夫！砍頭便砍，有何懼哉？」

張飛見嚴顏聲音雄壯，面不改色，下令喝退左右，親解去綁繩，扶在正中高坐，低頭便拜：「剛才言語冒瀆，幸勿見責。我素知老將軍是豪傑義士。」

嚴顏感其恩義，於是投降。

分析整個戰役，張飛儼然是個智勇雙全的大將，一改勇而無謀的常態，和老將軍嚴顏鬥智鬥勇，用假張飛賺回了一位貞義士。

【第18計】

擒賊擒王

【原文】

摧其堅，奪其魁，以解其體。龍戰於野，其道窮也。

【注釋】

奪：搶奪、抓獲。魁：第一、首位，此處指首領、主帥。

解：瓦解。體，軀體、整體、全軍。

龍戰於野，其道窮也：語出《易經．坤卦》。坤，此卦是坤上坤下，爲純陰之卦，爲純陰發展到極盛階段之象。「龍戰於野，其道窮也」，意思是強龍爭鬥於郊野，相互殺傷，血漬斑斑，以至陷入窮途末路。本計引用此語，其意當爲：賊王被擒，群賊無首，其戰必敗。

【譯文】

摧毀敵人的主力，擒住對方的首領，就可以瓦解全軍鬥志。敵軍群龍無首，必然面臨絕境，無法發揮戰力。

【計名探源】

擒賊擒王，語出唐代詩人杜甫《前出塞》：「挽弓當挽強，用箭當用長。射人先射馬，擒賊先擒王。」

此計用於軍事，是指打垮敵軍主力，擒拿敵軍首領，使敵軍徹底瓦解。擒賊擒王，就是捕殺敵軍首領或者摧毀敵人的指揮基地，使敵方陷於混亂，便於我方徹底擊潰之。

唐朝安史之亂爆發後，安祿山氣焰囂張，連連大捷。安祿山之子安慶緒派勇將尹子奇率十萬勁旅進攻睢陽。御史中丞張巡見敵軍來勢洶洶，決定據城固守。敵兵二十餘次攻城，均被擊退。

尹子奇見士兵已經疲憊，只得鳴金收兵。晚上，士兵剛剛準備休息，忽聽城頭戰鼓隆隆，喊聲震天，尹子奇急令部隊準備與衝出城來的唐軍激戰。

然而張巡「只打雷不下雨」，不停擂鼓，卻一直緊閉城門，沒有出戰。尹子奇的部隊被折騰了一整夜，疲乏至極，眼睛都睜不開了，倒在地上就呼呼大睡。

這時，城中突然一聲炮響，張巡率領守兵衝殺出來。敵兵從夢中驚醒，驚慌失措，亂作一團。張巡一鼓作氣，接連斬殺五十餘名敵將、五千餘名士兵，敵軍大亂。

張巡急令部隊擒拿敵軍首領尹子奇，部隊一直衝到敵軍帥旗之下。但張巡從未見過尹子奇，根本不認識，現在又混在敵軍之中，更加難以辨認。

張巡心生一計，讓士兵用秸稈削尖作箭，射向敵軍。敵軍中不少人中箭，以爲這下完了，卻發現自己中的是秸稈箭，心中大喜，以爲張巡軍中已沒有箭了，爭先恐後向尹子奇報告這個好消息。

尹子奇覺得這是一個進攻的好機會，於是親自指揮。張巡見狀，立刻辨認出敵軍首領，急令神箭手南霽雲放箭。南霽雲一箭正中尹子奇左眼，只見尹子奇鮮血淋漓，倉皇逃命，敵軍一片混亂，大敗而逃。

關羽單刀赴會，從容脫險

關羽單刀赴會能從容脫險，用的就是擒賊擒王之計。關羽知道眾人當中，魯肅身份最高，於是拿他當人質。呂蒙、甘寧唯恐傷到魯肅，沒敢妄動。

有句俗語叫：「劉備借荊州，有借無還。」說的是赤壁之戰，孫劉聯軍擊敗曹操後，周瑜又派兵取了荊州，不料卻被諸葛亮、劉備用計佔有，直說是借，卻賴著不還。

孫權急於想從劉備手中討回荊州，差人責問都督魯肅道：「子敬過去為劉備作保，借我荊州。現在劉備已經得了西川，卻不肯歸還荊州，你豈能坐視不管？」

魯肅說：「我在陸口屯兵，可派人請關雲長赴會。如果關羽肯來，便以好言相勸，讓他歸還荊州；若不肯還荊州，埋伏的刀斧手就將他殺之。如他不肯來赴會，便隨即進兵，與他決一勝負，再奪取荊州。」

孫權說：「正合我意，可馬上籌劃。」

於是，魯肅回陸口與呂蒙、甘寧商議，在陸口寨外的臨江亭上設宴，寫好書信，派使者到荊州送請柬，邀請關雲長赴宴。

關羽看了，對來人說：「既然子敬有請，我明日就去赴宴。」

使者告走後，關平說：「魯肅相邀，必定不懷好意。父親爲什麼要答應呢？」

關羽笑著說：「魯肅屯兵陸口，邀我赴會，無非是索要荊州。我如果不去，世人會說我膽怯。我明天單獨駕一艘小船，只用十幾個親隨，單刀赴會，看魯肅怎樣接待我！」

關平勸道：「父親爲什麼要用萬金之軀，親自入虎狼之穴呢？」

關羽說：「古時戰國的藺相如手無縛雞之力，在澠池會上，視秦國君臣如無物，況且我曾學過抵擋萬人的本領！既然已經答應了，絕不失信。」

馬良說：「縱使將軍決定前往，也應當有所準備。」

關羽說：「只教我兒關平選快船十艘，內藏善水戰士兵五百人，在江上等候，見我的紅旗舉起，便過江來。」

關平接到命令便做準備去了。

使者回去報告魯肅，說關羽答應了，明日定來赴宴。

魯肅與呂蒙商議：「關羽既來赴宴，我們應如何對付？」

呂蒙說：「他如果帶兵馬來，我與甘寧各領一軍埋伏在岸旁，放炮爲號，準備廝殺。如果他沒帶兵馬來，那麼只在大廳後面埋伏五十名刀斧手，就在筵席上將他殺掉。」商議完畢，一切按計劃行事。

第二天，魯肅派人在岸口遙望。辰時過後，只見江面上有一艘船駛來，一面紅旗在風中招展飄揚，上頭寫著一個「關」字。

船漸漸靠近岸邊，只見關羽青巾綠袍，端坐於船上。旁邊周倉扛著大刀，七八個關西大漢各挎一口腰刀立於兩側。

魯肅驚疑不定，把關羽接入大廳內。敘禮後入席飲酒，魯肅勸酒，卻不敢直視關羽，關羽卻談笑自若。

酒至一半，魯肅對關羽說：「有一句話要跟君侯講，希望您能聽聽。過去您的兄長劉皇叔，讓我在我家主公面前作保，暫借荊州，約定奪取西川之後便歸還。如今西川已經取下了，而荊州卻遲遲未還，請不要失信呀！」

關羽說：「這是國家大事，筵席間不必談論它。」

魯肅說：「我家主公只有區區江東之地，而把荊州借給皇叔的原因，是想君侯等兵敗遠來，沒有別的可以幫助您。現在皇叔已經取下了西川，所以荊州應歸還東吳。皇叔只肯先還三郡，而君侯又不肯，這恐怕於情理上說不過去呀！」

關羽說：「烏林之戰，左將軍親冒矢石，一心破敵，怎能徒勞而無尺寸之地呢？現在您又來索要荊州，這又是何道理呢？」

魯肅說：「不是這樣。君侯與皇叔一同在長阪坡被曹操打敗，智窮力竭，幾無去處，我家主公憐惜皇叔無棲身之處，不吝惜土地借與皇叔，使皇叔有立足之地。而令皇叔既然取得了西川，還不歸還荊州，實在是貪心而又背信棄義，這恐怕會被天下人恥笑。」

關羽厚著臉說：「這是我兄長的事，不是我能管得了的。」

魯肅說：「君侯與皇叔桃園結義，誓同生死，爲什麼推託不管呢？」

還沒等關羽答話，周倉在階下厲聲喝道：「天下的土地，有德者居之，難道荊州非你東吳應當佔有嗎？」

關羽憤怒而起，奪過周倉所捧的大刀，對周倉喝道：「這是國家大事，你亂說些什麼！趕快出去！」

周倉會意，來到岸口把紅旗一招。關平見了信號，馬上發船，船像離弓之箭一般，直奔江東而來。

關羽提刀在手，挽著魯肅，假說已醉，對魯肅道：「都督今日請我赴宴，不要提荊州的事。我現在已經醉了，恐怕會傷害我們的感情。過些天一定請您到荊州赴會，再作商議。」

魯肅被關羽扯到江邊。呂蒙、甘寧本想引本部人馬殺出，看見關羽手提大刀，挽著魯肅，沒敢輕舉妄動。

關羽走到江邊，這才放手，立於船頭，與魯肅告別。魯肅如做夢一般，看著關羽的船乘風而去。

關羽單刀赴會能從容脫險，用的就是擒賊擒王之計。關羽確實勇武，隻身深入虎穴，知道衆人當中，魯肅身爲都督，身份最高，於是拿魯肅當人質。呂蒙、甘寧唯恐傷到魯肅，沒敢妄動。

這裡的「王」就是魯肅，擒住魯肅這張王牌，關羽才能從容脫險。

馬超擒王不成，反遭曹操打敗

馬超本想一鼓作氣抓住曹操，知道抓住曹操，自己就取得勝利。遺憾的是，他幾次險些抓到曹操，但都讓曹操跑了，後來自己反倒讓曹操打敗了。

在軍事行動上，如果能擒住敵軍首領，那麼戰爭的勝負就基本上底定了，否則勝負難料。

曹操殺了西涼太守馬騰，引得馬超兵犯潼關。曹操命曹洪、徐晃增援潼關，臨行吩咐：「你二人先帶一萬人馬，替鍾繇緊守潼關。如十日內失了關隘，皆斬；十日外，不干你二人之事。我統大軍隨後便至。」

二人領了命令，星夜便行。

曹洪、徐晃到了潼關，替鍾繇堅守關隘，並不出戰。馬超領軍來關下，把曹操祖宗三代都罵了，曹洪大怒，要提兵下關廝殺。

徐晃勸諫道：「這是馬超的激將法，萬萬不可與之廝殺。待丞相大軍到來，必有退兵之策。」

馬超軍隊日夜輪流來罵，曹洪幾次想要廝殺，都被徐晃苦苦擋住。

到了第九日，曹洪見西涼軍都棄馬在關前草地上坐臥，便引三千兵馬殺下關來。西涼兵棄馬拋戈而走，曹洪在後面追趕。

當時，徐晃正在關上點視糧車，驚聞曹洪下關廝殺，急忙引兵隨後趕來，大叫曹洪回馬。忽然，背後喊聲大震，馬岱引兵殺來。

曹洪、徐晃急忙撤兵，這時鼓聲四起，山背後兩軍殺出，左是馬超，右是龐德。雙方混殺一陣，曹洪抵擋不住，折軍大半，棄關而走。

這時曹操引兵到來，見失了潼關，欲斬曹洪，衆將求情，曹操才免了他死罪。曹操下令砍伐樹木，立起排柵，分作三寨：左寨曹仁，右寨夏侯淵，曹操自居中寨。

第二天，曹操引三寨大小將校與西涼軍交戰，兩邊各布陣勢。曹操立馬於門旗下，看西涼之兵人人勇健，個個英雄，又見馬超聲雄力猛，白袍銀鎧，手執長槍立馬陣前，上首龐德，下首馬岱。

曹操暗暗稱奇，對馬超說：「你乃漢朝名將子孫，為何反叛？」

馬超咬牙切齒，大罵：「曹操老賊！欺君罔上，罪不容誅！害我父弟，不共戴天之仇！」說罷，挺槍直殺過來。

曹操背後于禁出迎，兩馬交戰，鬥得八九合，于禁敗走；張郃出迎，戰二十合也敗走。李通出迎，馬超神勇無比，一槍刺李通於馬下。

馬超把槍往空中一舉，西涼兵一齊衝殺過來。西涼兵來勢兇猛，曹兵大敗，左右將佐皆抵擋不住。

馬超、龐德、馬岱引百餘騎，直入中軍來捉曹操。曹操在亂軍中，只聽得西涼軍大叫：「穿紅袍的是曹操！」

曹操馬上脫下紅袍。

不久，又聽西涼兵大叫：「長髯者是曹操！」

曹操驚慌，抽出佩刀割斷長髯。軍中有人將曹操割斷髯髮之事告知馬超，馬超令人叫喊：「短髯者是曹操！」

曹操聽完，即扯旗角包頸而逃。

曹操奔走之間，背後一騎趕來，回頭一看，正是馬超！曹操大吃一驚，左右將校見馬超殺來，各自逃命，撇下曹操。

馬超厲聲大叫：「曹操休走！」

曹操驚得馬鞭掉落地上，見馬超從後使槍搠來，慌亂間策馬繞樹而走。馬超一槍搠在樹上，急拔下時，曹操已走遠。

馬超縱馬追趕，幸好曹洪掄刀攔住馬超，曹操才得以逃脫。

曹洪與馬超戰了四五十合，夏侯淵帶了數十名騎兵奔到。馬超獨自一人，恐被暗算，於是撥馬而回。

此戰馬超用的就是擒賊擒王之計，本想一鼓作氣抓住曹操，知道抓住曹操，自己就取得這場戰爭的勝利。遺憾的是，他幾次險些抓到曹操，但都讓曹操跑了，馬超沒能擒住這個「王」，後來自己反倒讓曹操打敗了。

混戰計

【第19計】

釜底抽薪

【原文】

不敵其力，而消其勢，兌下乾上之象。

【注釋】

不敵其力：敵，對抗、攻擊。力，強力、鋒芒。

消其勢：消，削弱、消滅。勢，氣勢。

兌下乾上之象：兌下乾上爲《周易》六十四卦之中的履卦。兌爲澤，爲陰柔之象；乾爲天，爲陽剛之象。整個卦象爲陰勝陽、柔克剛。其卦辭爲：「履虎尾，不人，亨。」寓意是：老虎是兇猛陽剛之獸，但只要以陰柔克之，小心謹愼行事，即使踩著老虎的尾巴，牠也不會咬人。此卦預示事情將經歷險阻而後通達，終於順利。此處借用此卦，強調遇到強敵，不要與之硬碰，而要用陰柔的方法消滅對方剛猛之氣，然後設法加以制服。

【譯文】

不直接面對敵人的鋒芒，而善於抓住主要矛盾，削弱敵人的氣勢。也就是說，以柔克剛的辦法，可以削弱對手的戰鬥力。

【計名探源】

釜底抽薪，語出北魏的《爲侯景叛移梁朝文》：「抽薪止沸，剪草除根。」《呂氏春秋》也說：「故以湯止沸，沸乃不止，誠知其本，則去火而已矣。」這個比喻很淺顯，道理卻說得十分清楚。水燒開了，再加水進去是不能讓水溫降下來的，根本的辦法是把火滅掉，水溫自然就降下來了。

此計用於軍事，是指對強敵不可靠正面作戰取勝，而應該避其鋒芒，找出要害，削減敵人的氣勢，再乘機取勝。

《孫子兵法．九地篇》說：「先奪其所愛，則聽矣；兵之情主速，乘人之不及，由不虞之道，攻其所不戒也。」

發動戰爭之時，先攻擊敵人要害之處，那樣敵人必然會隨著我方的步調起舞。要走敵軍意料不到的道路，攻擊敵軍不加防備的地方。

很多時候，一些影響全域的關鍵點，恰恰是對方的弱點，所以要準確判斷，抓住時機，攻其弱點。

程昱釜底抽薪誑走徐庶

縱觀曹操、程昱的這次陰謀，頗有可取之處。縱使徐庶終生不為曹操設一謀略，也比讓他留在劉備那裡好得多，這樣就等於削掉了劉備的羽翼。

劉備早有建立霸業的志向，無奈在亂世中四處漂泊，沒有一落腳的地方，常寄人籬下，總想找一位能人輔佐自己建立霸業。

後來，劉備被曹操打敗，前去依附荊州劉表。一天，劉備在新野集市上看見一人，葛巾布袍，皀條烏履，踏歌而至。

劉備見這個人相貌甚奇、出語不俗，肯定是能人，便邀他一談，才知是名士徐庶。劉備知道，如今天下大亂，很多有才能的人不願爲官，都隱居起來了，尤其荊州更是高人輩出，於是拜徐庶爲軍師，操練兵馬。

曹操從冀州回許都之後，想要奪取荊州，特派曹仁、李典領兵三萬在樊城虎視荊州，探看虛實。

河北降將呂曠、呂翔向曹仁建議：「劉備屯兵新野，每日操練兵馬，應早圖之，免生後患。」並願率精兵五千攻打劉備。

曹仁大喜，欣然應允。結果，徐庶用計，使曹軍大敗，二呂也丟了性命。曹仁聞報大怒，不聽李典勸阻，親自率領本部兵馬星夜渡河，想要踏平新野。

劉備得勝回縣城之後，徐庶說：「曹仁屯兵樊城，今知二將被殺，必將率大兵來戰，主公宜早做準備。」

劉備忙向徐庶問計，徐庶說：「他若帶全部兵馬前來進攻，樊城必定空虛，可乘機奪下樊城。」

劉備依徐庶之計，把曹仁殺得大敗，又乘機奪了樊城。曹仁折了許多人馬，連夜逃回許昌向曹操請罪，詳細敘說了兩次損兵的經過。

曹操說：「勝負乃軍家常事。但不知是誰爲劉備謀劃的。」

程昱笑著說：「這個人是潁川徐庶。他幼年好學擊劍，中平末年，曾經爲人報仇而殺人，披散頭髮塗抹顏面逃走，被當地官吏逮住。問姓名，他不回答，把他捆在車上，擊鼓遊街，讓市人識別，被同伴搶走。後來他遍訪名師學兵法，經常與司馬徽談論。」

曹操又問：「徐庶的才能與您相比，如何？」

程昱說：「徐庶的才能勝我十倍。」

曹操說：「很可惜啊，這樣有才能的賢士歸了劉備！一旦劉備的羽翼豐滿了，那可怎麼辦啊？」

程昱說：「徐庶雖然在劉備那裡，丞相要用，召來並不難。」

曹操問：「怎麼才能讓他歸順呢？」

程昱說：「徐庶爲人十分孝順。他年幼喪父，只有老母在堂，現今他的弟弟徐康已亡，老母無人奉養。丞相可以派人把他的母親接來許昌，令徐母給徐庶寫封書信叫他前來，如此，徐庶一定會來的。」

這就是釜底抽薪之計，程昱深知許以高官厚祿，徐庶也不會來許昌，但只要將徐母接來，徐庶自然會來許昌。

曹操十分高興，馬上派人連夜將徐母接來，並且對她說：「聽說您的兒子徐庶是天下奇才。如今他在新野，幫助亂臣劉備與朝廷對抗，實在可惜。現在要煩老夫人寫封書信，叫徐庶來許都，我在天子面前保奏他，一定會有高官厚祿。」說罷令左右捧過文房四寶，讓徐母給徐庶寫信。

徐母厲聲喝道：「你爲何這樣虛僞騙人呢？我早就聽說劉備是中山靖王之後，素有仁義之名，堪稱當世英雄。我兒輔佐他，是找到眞正的明主。你名爲漢相，實爲漢賊。現在反而說劉皇叔是亂臣賊子，還讓我兒棄明投暗，豈不是讓我自找恥辱嗎？」說完，拿起硯台便打曹操。

曹操大怒，喝叱武士要斬徐母。

程昱急忙制止，進言道：「徐母之所以觸犯丞相，就是想死，好讓丞相斷了收服徐庶的念頭。您如果殺了她，則招來不義之名，而且徐母一死，徐庶要報殺母之仇，必死心塌地幫助劉備。丞相不如留下她，使徐庶心繫兩處。只要徐母在，我就有辦法賺徐庶到這裡來輔佐丞相。」

於是，曹操把徐母奉養起來。程昱經常問候徐母，還謊稱曾跟徐庶結拜爲弟兄，時常送些物品，每次必寫封便信。

徐母是知書達禮之人，見程昱客氣有禮，也寫信回覆。程昱賺得徐母的書信，就模仿她的字跡，給徐庶寫了一封信，派心腹直奔新野送信。

徐庶看完信，淚如泉湧，向劉備說：「很幸運得到您的重用，無奈母親被曹操用奸計騙到許昌，並寫來書信叫我前去許昌。我怕曹操加害母親，不能不去，今後如果有機會，我再為您效勞吧。」

劉備聽罷大哭道：「母子是天性至親，你不要惦念我，希望與老夫人相見後，還能得到您的教誨。」

徐庶拜別告辭後，孫乾秘密地對劉備說：「徐庶是天下奇才，且久在新野，知道我軍虛實，如果歸順曹操，我們就危險了。主公應苦苦相留，曹操久等不去，必定斬他的母親。徐庶為了給母親報仇，定會全力輔佐主公，共同對付曹操。」

劉備卻說：「絕不可以！逼人殺了他的母親，是為不仁；留著他不讓走，以絕母子之情，是為不義。我寧可死去，也不做這種不仁不義的事。」

而後，劉備親自送徐庶離開，一送再送，一直送到長亭，於馬上握著徐庶的手說：「先生此去，天各一方，不知哪一天還能相見！」說罷，淚如雨下。

徐庶也哭著說：「我才智淺薄，深受主公厚愛，正想與主公建立霸業，不料由於母親的緣故，必須中途而別，到曹營後，縱使曹操相逼，我也終身不設一謀。」

劉備不忍相離，立馬林邊，望著徐庶乘馬而去，傷感無比。忽然，徐庶拍馬而回，對劉備說：「我因心緒煩亂，忘了一件事。荊州有一名奇士，如果能得此人，無異於周得呂望、漢得張良。這個人複姓諸葛，名亮，字孔明。」

徐庶推薦了孔明，再別劉備，策馬而去。

曹操、程昱用了釜底抽薪之計將徐庶騙到曹營。如果曹操不用此計，恐怕難以誑走徐庶。

縱觀曹操、程昱的這次陰謀，雖有些陰損，如果從整個戰局來看，頗有可取之處。徐庶雖沒有諸葛亮之才，卻也是三國時有名的賢士，縱使徐庶終生不爲曹操設一謀略，也比讓他留在劉備那裡好得多，這樣就等於削掉了劉備的羽翼。

孔明設下抽薪計收服馬超

諸葛亮知道正面強攻，很難戰勝馬超，即便是勉強戰勝，也難免兩敗俱傷，所以想出了釜底抽薪之計，從內部瓦解，使張魯猜疑馬超，才能收服馬超。

益州牧劉璋引狼入室，原本打算請劉備來共同對付張魯，卻發現劉備有吞併西川的野心，不得已反倒向張魯求援，答應事成之後以二十州相謝。

這時，剛剛投奔張魯的馬超想建下功勞，於是挺身而出。張魯大喜，馬上點了兩萬兵馬，命馬超即日起程。

劉備佔領了綿竹，得知馬超攻打葭萌關，大吃一驚。

諸葛亮說：「要敵馬超，非張飛、趙雲兩位將軍不可。」

劉備說：「子龍不在，正好翼德在這兒，趕快派他去吧。」

第二天，劉備、張飛率兵來到葭萌關，關下鼓聲震天，馬超前來討戰。劉備在關上看得清楚，馬超銀甲白袍，縱馬提槍列於隊前。

劉備見馬超穿戴非凡，人才出衆，感歎道：「人說錦馬超，果然名不虛傳！」

張飛恨不得吞了馬超，三番兩次要戰，被劉備攔住。

到了午後時分，劉備見馬超陣上的人馬全都疲倦了，才派張飛下關來戰。

張飛舉槍直奔馬超，馬超也舉槍衝出，兩人大戰一百餘合，不分勝敗。這時天色已晚，兩軍士卒點起無數火把，照如白晝，二人繼續酣戰，仍然打個平手。

隔天，諸葛亮來到葭萌關，劉備問道：「馬超是個英雄，我很喜歡他，怎樣才能收服他呢？」

諸葛亮說：「我聽說張魯想自立為『漢寧王』，他手下有個貪婪的謀士叫楊松，主公可派人繞道去漢中，先用金銀賄賂楊松，然後讓他勸張魯撤回馬超的軍隊。等張魯命馬超撤軍時，我自有妙計招降馬超。」

劉備大喜，立即派孫乾帶著重禮從小路去漢中見楊松，送上了禮物。楊松很高興，向張魯引薦了孫乾。

孫乾說明來意，遞上書信，強調能保奏張魯為漢寧王。張魯聽後，便命馬超罷兵，但馬超拒絕退兵。

張魯又派使者催促退兵，一連三次，馬超仍不肯退兵。

楊松乘機說：「馬超歸降主公本就不是眞心，不肯退兵，一定是想造反。」又派人散佈流言，說馬超要奪取西川自立爲王，不願在張魯手下稱臣。

張魯聽了這些謠言，信以爲眞，忙向楊松求計。

楊松說：「主公可派人告訴馬超：『你既然想要進兵，必須以一個月爲限，做到以下三件事：第一，取下西川；第二，交上劉璋首級；第三，殺退劉備。三件事不成，便是殺頭之罪。』同時，派張衛帶兵把守關隘，嚴防馬超兵變。」

張魯依了楊松之言，派人到馬超寨中傳令。馬超驚訝不已，不知其中緣故，就與馬岱商量，不如退兵。楊松見馬超有退兵之意，又放流言說：「馬超沒有攻下葭萌關卻要退兵，必有異心。」

於是，張衛兵分七路，堅守隘口，不放馬超通過。此時，馬超進不得進，退不得退，無計可施。

諸葛亮對劉備說：「現在馬超已是進退無路，我要親自到馬超寨中，說服馬超投降主公。」

劉備說：「不可，先生是我依靠的心腹，若有閃失，又如何得了？」

正在猶豫間，李恢自告奮勇說：「如今馬超已中小人奸計，進退兩難。我過去在隴西與馬超有過一面之交，願意去說服馬超前來歸降。」

諸葛亮很高興，便立即派他前往。

李恢到了軍前，請人通報姓名。馬超說：「李恢是位舌辯之士，今天一定是來做說客的。」便命二十名刀斧手埋伏在帳中，吩咐說：「聽我的命令行事！」然後傳令請進李恢。

一會兒，李恢昂然而入。馬超對李恢說：「先生因何而來？」

李恢說：「來做說客。」

馬超說：「我的寶劍剛剛磨過，你自己斟酌，弄不好就要試我的寶劍了。」

李恢卻笑著說：「將軍大禍不遠了！恐怕您新磨的劍，還沒等試我的頭，就要試自己的頭啊！」

馬超說：「我有什麼禍？」

李恢說：「日中則昃，月滿則虧，這是常理。現在將軍與曹操有殺父之仇，而與隴西又有切齒之恨。前進不能殺退劉備而解救劉璋，後退不能面見張魯而懲治楊松，天下雖大，將軍並無容身之處，假使再有渭橋之敗、冀城之失，將軍又該怎麼辦呢？」

馬超答謝道：「先生說得很對，如今我已無路可走了。」

李恢說：「將軍既然認為我說得正確，帳下為什麼還埋伏著刀斧手呢？」

馬超慚愧，馬上命刀斧手全部退下。李恢說：「劉備是大漢皇叔，禮賢下士，他的事業一定能成功。將軍的父親過去曾與皇叔共同約定討賊，將軍為什麼不投奔皇叔呢？這樣上可以報父仇，下可以立功名。」

馬超聽後如釋重負，一劍斬了張魯的心腹楊柏，隨著李恢一同去見劉備。

諸葛亮知道正面強攻，很難戰勝馬超，即便是勉強戰勝，也難免兩敗俱傷，所以想出了釜底抽薪之計，從內部瓦解，使張魯猜疑馬超，離間他二人，這樣把馬超趕入絕路，才能收服馬超。

【第20計】

混水摸魚

【原文】

乘其陰亂，利其弱而無主。隨，以向晦入宴息。

【注釋】

乘其陰亂：陰，內部。意思是，乘敵人內部發生混亂。

隨，以向晦人宴息：語出《易經．隨卦》。隨卦，上卦爲兌爲澤，下卦爲震爲雷。雷入澤中，大地寒凝，萬物蟄伏，故卦象名「隨」。隨，順從之意。《隨卦》的卦辭說：「澤中有雷，隨。君子以向晦入宴息。」意思是說，人要隨應天時去作息，向晚就當入室休息。本計運用這一象理，強調打仗時要善於抓住敵方的可乘之隙，隨機行事，亂中取利。

【譯文】

趁敵人內部混亂之際，利用其心志動搖而無主見的時機，迫使敵人順從我方的意思。人要順應天時，就像到了夜晚一定要入室休息一樣。

【計名探源】

混水摸魚，原意是攪渾池水，在混濁的水中，魚兒辨不清方向，如果乘機下手，就可將魚兒抓到。此計用於軍事，指當敵人混亂無主時乘機出擊，奪取勝利。戰爭中，實力較弱的一方經常會動搖不定，這就給對方可乘之機。更多的時候，這個可乘之機不能消極等待，應該主動去製造。

唐朝開元年間，契丹叛亂，多次侵犯唐朝。朝廷派張守圭爲幽州節度使，平定契丹之亂。契丹大將可突汗幾次攻打幽州，都未如願。他想探聽唐軍虛實，派使者到幽州，假意表示願重新歸順朝廷，永不進犯。

張守圭知道契丹勢氣正旺盛，主動求和必定有詐，便將計就計，客氣地接待了來使。隔一天，他派王悔代表朝廷到可突汗營中宣撫，並命王悔一定要探明契丹內部的底細。

王悔在契丹營中受到熱情接待，在招待酒宴上仔細觀察契丹衆將的一舉一動。不久，他便發現，契丹衆將對契丹王的態度並不一致，又從一個小兵口中探聽到分掌兵權的李過折一向與可突汗不和，兩人貌合神離，互不服氣。

王悔特意去拜訪李過折，裝做不瞭解他和可突汗之間的矛盾，當著他的面，假意大肆誇獎可突汗的才幹。李過折聽罷，怒火中燒，說可突汗主張反唐，使契丹陷於戰亂，人民十分怨恨。並告訴王悔，契丹這次求和完全是假的，可突汗已向突厥借兵，不日就要攻打幽州。

王悔乘機勸李過折說，唐軍勢力強大，可突汗肯定失敗，他如脫離可突汗，建功立業，朝廷保證一定會重用他。李過折果然心動，表示願意歸順朝廷。王悔任務完成，立即辭別契丹王返回幽州。

第二天晚上，李過折率領本部人馬，突襲可突汗的中軍大帳。可突汗毫無防備，被李過折斬於營中，契丹營大亂。忠於可突汗的大將蹁禮召集人馬，與李過折展開激戰，殺了李過折。張守圭探得消息，立即親率人馬趕來接應李過折的部隊，乘機大破契丹軍。

周瑜設計，諸葛亮趁亂取勢

劉備故意挑起戰端，讓周瑜與曹仁酣戰，攪起混水，自己乘亂取勝，占了南郡，然後又順勢奪了荊州和襄陽，可見混水摸魚之高明。

赤壁大戰，曹操大敗，爲了防止孫權乘勢北進，派大將曹仁駐守南郡（今湖北公安縣）。

這時，孫權、劉備都在打南郡的主意。周瑜因赤壁大戰獲勝，氣勢如虹，下令進兵攻取南郡。劉備也把部隊調到油江口駐紮，眼睛死死盯住南郡。周瑜恨恨地說：「爲了攻打南郡，我東吳費了相當大的代價，南郡唾手可得。劉備休想做奪取南郡的美夢！」

劉備爲了穩住周瑜，首先派人到周瑜營中祝賀。第二天，周瑜親自到劉備營中回謝。酒席中，周瑜單刀直入問劉備駐紮油江口，是不是要取南郡。

劉備說：「聽說都督要攻打南郡，特來相助。如果都督不取，那我就去佔領。」

周瑜大笑說：「南郡指日可下，如何不取？」

劉備說：「都督不可輕敵，曹仁勇不可擋，能不能攻下南郡，還很難說。」

周瑜一向驕傲自負，聽劉備這麼一說，很不高興，脫口而出：「我若攻不下南郡，就聽任你去取。」

劉備盼的就是這句話，馬上說：「都督說得好，子敬（即魯肅）、孔明都在場作證。我先讓你去取南郡，如果取不下，我就去取。你可千萬不能反悔啊。」

周瑜一笑，不把劉備放在心上。周瑜走後，諸葛亮建議按兵不動，讓周瑜先去與曹兵廝殺。

周瑜發兵，首先攻下夷陵（今湖北宜昌），然後乘勝攻打南郡，卻中了曹仁的誘敵之計，自己中箭而返。

曹仁見周瑜中了毒箭受傷，非常高興，親自帶領大軍前來叫陣。周瑜帶領數百騎兵衝出營門大戰曹軍，開戰不多時，忽聽周瑜大叫一聲，口吐鮮血，墜於馬下，被衆將救回營中。

原來這是周瑜定下誘敵計謀，一時間傳出周瑜箭創發作而死的消息，士兵們都舉哀戴孝。曹仁聞訊，大喜過望，決定趁周瑜剛死，東吳無心戀戰的時機前去劫營。

當天晚上，曹仁親率大軍去劫營，城中只留下陳矯帶領少數士兵護城。曹仁大軍趁著黑夜衝進周瑜大營，只見營中寂靜無聲，空無一人。曹仁情知中計，急忙退兵，但是已經來不及了。只聽一聲炮響，周瑜率兵從四面八方殺出。曹仁好不容易從包圍中衝出，退返南郡，又遇東吳伏兵阻截，只得往北逃去。

周瑜大勝曹仁，立即率兵直奔南郡。等周瑜率部趕到南郡，只見南郡城頭佈滿旌旗。原來趙雲已奉諸葛亮之命，乘周瑜、曹仁激戰正酣之時，輕易地攻取南郡。諸葛亮又利用搜得的兵符，連夜派人冒充曹仁求援，輕易地詐取了荊州、襄陽。周瑜這一回自知上了諸葛亮的大當，氣得昏了過去。

劉備故意挑起戰端，讓周瑜與曹仁酣戰，攪起混水，自己乘亂取勝，占了南郡，然後又順勢奪了荊州和襄陽，沒費吹灰之力就大功告成，可見此計之高明。

曹丕混水摸魚得美人

曹丕知道冀州既破，袁紹府中肯定有自己想要的東西。如果讓曹操先入，自己有可能得不到什麼，所以來個混水摸魚，趁亂先入，果然得到一個美人。

據說，曹操的長子曹丕出生時，有雲氣一片，顏色青紫，圓如車蓋，籠罩在屋子的上邊，多日不散。有善於望氣的人秘密地對曹操說：「這是天子氣象，您的兒子貴不可言！」

曹丕八歲能作詩文，有逸才，博古通今，善騎射，好擊劍。

曹操大破冀州城時，曹丕先率領親兵直奔袁紹的府宅，下馬拔劍而入。有一將阻攔，說道：「丞相有命，任何人不許進袁紹府宅。」

曹丕喝退守門將軍，提劍入後堂，看見兩個婦人相互擁抱而哭。曹丕向前，忽然看見眼前紅光一片，於是按劍而問：「妳二人是什麼人？」

那個年紀稍長一點的婦人答道：「妾乃是袁將軍之妻劉氏。」

曹丕指著另一個女人問：「這個女人是什麼人？」

劉氏說：「是次子袁熙的妻子甄氏。因袁熙去鎮守幽州，甄氏不肯遠行，所以留在府中。」

曹丕把甄氏拉過來，見她披髮垢面，用衣袖擦了擦她的臉再仔細觀瞧，見她肌膚如玉，容貌如花，有傾國之色，於是對劉氏說：「我是曹丞相之子曹丕，願意保護妳的家小，妳不要擔心。」

曹操統領衆將進入冀州城，來到袁紹府門下馬，問道：「誰曾進入過這裡？」

守將回答說：「世子在內。」

曹操叫出曹丕訓斥一番。這時，劉氏出來拜見曹操說：「如果不是世子，不能保全妾的全家，願意讓甄氏伺候世子。」

曹操令人叫出甄氏看後說：「眞是我的兒媳啊！」同意曹丕納甄氏爲妻。

曹操在破冀州前有令，任何人不得擅自進入袁紹府，自然是有目的的：一是防止手下搶掠濫殺；二是袁紹府金銀珠寶如山，妻妾美女成群，這些曹操完全可以據爲己有。

如果不是曹丕捷足先登，很有可能甄氏就是曹操的侍妾了，曹操本是好色之徒，在宛城就納過張濟之妻。

曹操攻破冀州城時，曹丕才十八歲，但在三國時期也到了該成婚的年齡。他很聰明，知道冀州既破，袁紹府中肯定有自己想要的東西。如果讓曹操先入府中，自己有可能得不到什麼，所以來個混水摸魚，趁亂先入，果然得到一個美人。

【第21計】

金蟬脱殼

【原文】

存其形，完其勢；友不疑，敵不動。巽而止，蠱。

【注釋】

存其形，完其勢：保存陣地已有的戰鬥陣容，完備繼續戰鬥的各種態勢。

巽而止，蠱：語出《易經．蠱卦》。蠱卦，巽下艮上，艮為山、為剛，為陽卦；巽為風、為柔，為陰卦。故「蠱」的卦象是「剛上柔下」，意即高山沉靜，風行於山下，事可順當。又，艮在上，為靜；巽為下，為謙遜，故又是「謙虛沉靜」、「弘大通泰」，是天下大治之象。此計之意是暗中謹慎地實行主力轉移，穩住敵人，乘敵不驚疑之際，脫離險境。

【譯文】

保留陣地原有外形，保持原有氣勢，使友軍不懷疑，敵人不敢輕舉妄動。我方則秘密轉移主力，打擊別處的敵人。

【計名探源】

金蟬脫殼的本意是，寒蟬在蛻變時，本體脫離皮殼而走，只留下蟬蛻還掛在枝頭。此計用於軍事，是指通過僞裝擺脫敵人，撤退或轉移，以達到自己的目的。運用此計時，要先穩住對方，然後悄悄撤移，絕不是驚慌失措狼狽逃跑，如此才能保存實力，使自己脫離險境。

用此計迷惑敵人，還可用巧妙分兵轉移的機會，出擊另一部分敵人。

《孫子兵法．九地篇》說：「先奪其所愛，則聽矣；兵之情主速，乘人之不及，由不虞之道，攻其所不戒也。」

發動戰爭之時，先攻擊敵人要害之處，那樣敵人必然會隨著我方的步調起舞。要走敵軍意料不到的道路，攻擊敵軍不加防備的地方。

司馬懿用一頂頭盔撿回一命

廖化不知司馬懿的去向，只見樹林東邊落下一頂頭盔，便撿起頭盔向東追去。司馬懿用的就是「金蟬脱殼」之計，用一頂頭盔撿了一條性命。

在《三國演義》中，司馬懿與諸葛亮彼此鬥智鬥力，諸葛亮幾次伐魏都沒成功，都與司馬懿有關。

孔明六出祁山與魏軍相持於五丈原，魏軍的主帥仍是老對手司馬懿。孔明用計射死魏將秦朗，大敗魏軍，自此魏軍堅守不出，孔明一時無策。

爲了使魏軍出戰，孔明來到祁山前察看渭水東西兩側的地理。忽然看見一谷，山谷的形狀像葫蘆，其中可容納一千多人；兩山又形成一谷，也可容納四五百人；背後兩山環抱，可通過一人一騎。

孔明見了，心中大喜，計上心頭，問嚮導官說：「這個谷叫什麼名字？」嚮導回答說：「這裡名叫上方谷，又稱葫蘆谷。」

孔明回到帳中，召集隨軍工匠一千多人，到葫蘆谷製造木牛流馬。過了數日，木牛流馬全都造好，孔明命令右將軍高翔帶領一千軍兵，用木牛流馬從劍閣往祁山大寨搬運糧草，供給蜀兵食用。

司馬懿吃了敗仗，心中非常不快，忽然探馬報告說：「蜀兵用木牛流馬搬運糧食，人不用費力，牛馬也不用吃草料。」

司馬懿道：「我之所以堅守不出，就是要使蜀軍糧草接濟不上，等他們不戰自潰。諸葛亮用這種方法運糧，一定是爲久戰做準備，不想退兵。這該如何是好？」急忙吩咐張虎、樂綝帶兵去搶幾隻木牛流馬。

張虎等依命而行，假扮成蜀軍，夜間埋伏在山谷中，果然見高翔率兵驅動木牛流馬運糧。待大隊人馬將過完時，張虎等率兵殺出，蜀兵措手不及，棄下一部分木牛流馬。張虎、樂綝十分高興，立刻驅回本寨。司馬懿大喜，立即命工匠照樣製作二千餘隻，不消半個月功夫便造好了，也能奔走。於是，司馬懿命令鎮遠將軍岑威帶領一支人馬，用木牛流馬去隴西運糧草，往來不絕。

很快，蜀軍把消息報告諸葛亮。諸葛亮聽罷大喜，吩咐王平說：「你帶一支人馬扮作魏軍，連夜過北原，混入他們運糧的軍中，將護糧士兵全部殺散，驅趕木牛流馬往回返，一直奔過北原。魏兵必然在這裡追殺，你們扭轉木牛流馬口中的舌頭後，便丟下木牛流馬逃走。魏兵見到丟下的木牛流馬牽拽不動，扛抬不起，必然生疑，這時你迅速帶兵殺回，我自帶兵也會趕到。殺散魏兵後，你們再將牛舌頭扭過來，木牛流馬又會活動自如了。」

諸葛亮又喚過張嶷吩咐說：「你帶領五百士兵，扮作六丁六甲神兵，鬼頭獸身，以五色油彩塗面，扮作種種怪異之狀，一手執旗，一手持劍，腰懸葫蘆，內藏煙火等物，埋伏起來。等到木牛流馬來時，放煙火一齊衝出，驅趕牛馬而行。魏軍見了，必定懷疑有鬼神相助，不敢追趕。」

張嶷領命而去，諸葛亮又命魏延、姜維領兵一萬，去北原接應木牛流馬，命廖化、張翼領五千兵馬去斷司馬懿來路，命馬忠、馬岱帶二千人到渭北搦戰。

王平依計混入魏軍之中，一同驅趕木牛流馬運糧，瞅準機會殺得魏軍措手不及。郭淮聞信，急忙帶兵來救。王平命令兵士扭轉木牛流馬的舌頭，全部棄在道中，且戰且走。郭淮命令不要追趕，趕快驅趕木牛流馬，但木牛流馬紋絲不動，郭淮心中疑惑。忽然，鼓角喧天，喊殺聲四起，兩路蜀兵一齊殺來，王平又帶兵殺回，三路夾擊，郭淮大敗而逃。

王平令軍士把牛舌頭重新扭轉，驅趕如舊。郭淮看見，剛想帶兵殺回，只見山後煙雲突起，一隊神兵湧出，擁護著木牛流馬而去。郭淮大驚道：「這一定是神兵天將啊！」魏軍見了，無不驚異，不敢追趕。

司馬懿聽說北原兵敗，親自率兵來救，正走到半路，忽聽喊殺聲四起，兩路兵馬分別從不同方向殺出，原來是張翼、廖化來截殺。司馬懿毫無防備，被張翼、廖化殺得大敗，單槍匹馬，慌不擇路地朝密林深處逃去。廖化一馬當先追趕過去，眼看就要追上了，司馬懿著急，圍著樹繞圈子。廖化揮刀砍去，正砍在樹上，等拔下刀時，司馬懿早跑出林外。

廖化隨後趕出，卻不知司馬懿的去向，只見樹林東邊落下一頂頭盔，便撿起頭盔向東追去。原來司馬懿把頭盔丟在林子東邊，自己卻反方向朝西逃去。廖化不知是計，向東追了一程，不見蹤跡，只好回寨。

司馬懿用的就是「金蟬脫殼」之計，用一頂頭盔撿了一條性命。

孔明借東風避開殺身之禍

諸葛亮知周瑜要加害自己，所以故弄玄虛。周瑜不知諸葛亮之計，信以為真，東南風還未刮起，諸葛亮早已扔下空壇返回夏口了。

赤壁決戰前夕，周瑜引衆將立於山頂上，遙望曹操操練水軍，忽然看見旗角飄飄，猛然想起一件大事，大叫一聲，往後便倒，口吐鮮血。衆將急忙把周瑜扶回帳中，面面相覷說：「江北百萬大軍虎視眈眈，都督卻病倒了。如果曹兵一到，不知如何？」

魯肅見周瑜臥病，心中憂悶，來見諸葛亮，告知周瑜突然病倒之事。諸葛亮笑道：「公瑾的病，我卻能治。」

魯肅馬上請諸葛亮同去探望，諸葛亮說：「幾天不見都督，不曾想到貴體欠安，都督心中是不是很煩悶？」

周瑜說：「是這樣。」

諸葛亮笑道：「我有一方，叫都督氣順。」便要來紙筆，摒退左右，密書十六字道：「欲破曹公，宜用火攻；萬事俱備，只欠東風。」寫完，遞給周瑜說：「這是都督病源！」

周瑜大驚，心想：「諸葛亮眞是神人，竟知我心事，索性把實情告訴他。」於是笑問道：「先生已知我病源，將用什麼藥醫治？事在危急，望馬上賜教。」

諸葛亮說：「我曾受異人傳授奇門遁甲，可以呼風喚雨。都督若要東南風，可在南屏山建一台，名曰『七星壇』。借三日三夜東南大風，助都督用兵，如何？」

周瑜說：「不要說三日三夜，只一夜大風，大事可成，只是不可遲緩。」

諸葛亮說：「十一月二十日甲子祭風，至二十二日丙寅風息，如何？」

周瑜聞言大喜，馬上命人築壇。一切佈置妥當，諸葛亮吩咐守壇將士說：「不許擅離方位，不許交頭接耳，不許失口亂言，不許大驚小怪。違令者斬！」

衆人領命，諸葛亮緩步登壇，仰天暗祝。其實，諸葛亮哪裡是祭風，不過是爲防周瑜加害，故弄玄虛而已。諸葛亮明天文、識地理，熟知長江兩岸氣候，早就算定三日內將刮東南風，所以他在探視周瑜病情時，便聲稱「曾遇異人傳授奇門遁甲天書，可以呼風喚雨」。

到十一月二十日，時已近夜，星空朗朗，微風不動，早已心急如焚的周瑜對魯肅說：「諸葛亮之言太荒謬了，隆冬之時，怎麼會有東南風呢？」

魯肅說：「估計諸葛亮必不會亂講。」

將近三更時分，忽聽風聲響動，周瑜出帳看時，旗角竟飄向西北，霎時東南風大起。周瑜大驚道：「諸葛亮有奪天地造化之法，鬼神不測之術。若留此人，一定是東吳禍根，不如早早殺掉他！」

周瑜即刻命帳前護軍校尉丁奉、徐盛二將，各帶一百人分水旱兩路到南屏山七星壇去殺諸葛亮。此時，諸葛亮早已離壇，由事先安排在江邊等候的趙雲接去了。待丁、徐二人追來時，只見孔明立於船尾，大笑道：「請回覆都督，好好用兵！諸葛亮暫回夏口，異日再容相見。」

此處諸葛亮用的是金蟬脫殼之計，其實諸葛亮根本借不來東風。風雨雷電是自然造化，豈是人力能控制得了？諸葛亮知周瑜要加害自己，所以故弄玄虛。周瑜不知諸葛亮之計，信以為眞，東南風還未刮起，諸葛亮早已扔下空壇返回夏口了。

【第22計】

關門捉賊

【原文】

小敵困之。剝，不利有攸往。

【注釋】

剝，不利有攸往；語出《易經．剝卦》。剝卦爲坤下艮上。上卦爲艮、爲山，下卦爲坤、爲地，意即廣闊無邊的大地呑沒山嶽，故卦名曰「剝」。剝，落也。剝卦的卦辭爲「剝，不利有攸往」，意思是說，當萬物呈現剝落之象時，如有所往，則不利。關門捉賊之計引此卦辭，是說對小股敵人要即時困圍消滅，而不利於去急追或者遠襲。

【譯文】

對於弱小的敵人，要加以包圍，然後殲滅。小股敵人力量雖弱，但行動靈活，萬一逃脫，不宜窮追不捨。

【計名探源】

關門捉賊，是指對實力不如自己的敵人要採取分割包圍、聚而殲之的策略。如果讓對手得以逃脫，情況就會十分複雜。緊追不捨，一怕對方拼命反撲，二怕中敵誘兵之計。

這裡所說的「賊」，是指那些善於偷襲的小部隊，特點是行動迅速，出沒不定，行蹤難測。通常這種小部隊數量不多，但破壞性卻很強，常會乘我方不備，進行侵擾。所以，對這種「賊」，不可讓其逃跑，而要斷其後路，聚而殲之。當然，此計運用得好，不只限於「小賊」，甚至可以圍殲敵人的主力部隊。

戰國後期，秦國攻打趙國，在長平（今山西高平北）受阻礙。

長平守將是趙國有名的大將廉頗，見秦軍勢力強大，不能硬拼，便讓部隊堅壁固守，不與秦軍交戰。

兩軍相持日久，秦軍仍拿不下長平。秦王採納了范雎的建議，用離間法讓趙王懷疑廉頗，趙王中計，調回廉頗，派趙括爲將到長平與秦軍作戰。趙括到長平後完全改變廉頗堅守不戰的策略，想與秦軍決一死戰。秦將白起故意使趙括的軍隊取得幾次小勝利。趙括嘗到甜頭後得意忘形，派人到秦營下戰書。

第二天，趙括親率四十萬大軍，來與秦兵決戰。趙括志得意滿，中了白起的誘敵之計，率領大軍追趕佯敗的秦軍，一直追到秦營。秦軍堅守不出，趙括一連數日攻克不下，只得退兵。

這時，趙括突然得到消息：趙軍的後營已被秦軍攻佔，糧道也被截斷。秦軍把趙軍全部包圍起來，一連四十六天，趙軍糧草斷絕，士兵殺人相食，趙括只得拼命突圍。白起嚴密部署，多次擊退企圖突圍的趙軍，最後趙括中箭身亡，趙軍大亂，四十萬大軍全軍覆沒。

趙括只會「紙上談兵」，並不知眞正的用兵之道，剛上戰場就中了敵軍「關門捉賊」之計，損失四十萬大軍。從此趙國一蹶不振，可見一個高明的統帥可以拯救一個國家，以庸才爲帥足可以毀滅一個國家。

關羽水淹七軍擒于禁

關羽破于禁、擒龐德用的是關門捉賊之計。連降大雨使襄江水位上漲，關羽命人決堤放水，等大水把于禁、龐德困住時再「捉賊」。

在《三國演義》中，關羽是一位傳奇英雄，剛出道便溫酒斬華雄，爲了報答劉備知遇之恩，千里走單騎，過五關斬六將；獨鎮荊州時，又有單刀赴會、刮骨療毒等情節。書中，關羽的英勇事蹟還包括斬顏良、誅文醜等，至於水淹七軍，更突顯他勇略兼備。

七軍是指曹操派去增援樊城的七路大軍，主帥是曹營大將于禁。

樊城是曹操的軍事重地，由曹仁把守，關羽攻打甚急，曹仁請求支援，於是曹操派于禁率兵前來增援。

于禁的七路大軍與關羽遭遇後，交過幾次鋒，互有勝負。于禁見一時不能取勝，於是移七軍轉過山口，在樊城北方十里安營紮寨。

關羽聽說于禁移七軍於樊城之北下寨，便帶領數十名親兵登高遠望，察看曹軍動靜。關羽見樊城城上旗號不整，軍士慌亂，城北十里山谷之內，駐紮著于禁率領的七軍，又見襄江水勢甚急，看了半晌，便有了主意，急喚嚮導官問道：「樊城北十里山谷，是什麼地方？」

嚮導官回答說：「罾口川。」

關羽大喜道：「于禁一定會被我捉住。」

當時正值八月，暴雨一連下了數日未停。關羽命人預備船筏，收拾水具備戰。

關平不解，問道：「陸地相戰，爲什麼準備水具？」

關羽回答說：「于禁的七軍不屯於廣闊地帶，卻聚於罾口川險隘之處。如今秋雨連綿，襄江之水必然上漲，我已派人堵住各處水口，待江水上漲時，放水一淹，樊城、罾口川的曹兵豈不都成了魚鱉了嗎？」

于禁的七路大軍屯於罾口川，連日大雨不止，督將成何來見于禁說：「大軍屯於川口，地勢很低，現在秋雨連綿，軍士艱苦，而且荊州兵移營到高處，並在漢水口預備戰筏，如果江水氾漲，我軍就危險了，應早做打算。」

于禁喝斥道：「匹夫擾亂軍心！如再多言定斬之！」

成何憤恨而退，來見先鋒官龐德述說此事，並建議龐德提早準備。龐德說：「你提的意見很恰當。于禁將軍不肯移兵，我明日自已移軍屯於別處。」

成何、龐德剛剛商議完畢，這一夜風雨大作，猶如萬馬爭奔。

龐德大驚，急忙出帳察看，只見四面八方大水驟至，七軍亂竄，隨波逐浪者不計其數。

平地水深丈餘，于禁、龐德與諸將各登小山避水。等到天剛放亮，關羽及眾將都搖旗吶喊乘大船而來。于禁見四下無路，左右只有五六十人，自知不能逃生，於是投降關羽。

此時龐德及成何等五百士兵，皆無衣甲，站在土山上。關羽命戰船四面圍定，軍士一齊放箭，射死魏兵大半。龐德全無懼怯，奮然前來接戰。衆士兵見龐德如此，於是皆奮力向前，自早晨戰至中午。

關羽催四面急攻，箭矢如雨，最後只剩龐德一人力戰。

龐德見有小船近岸來，便提刀飛身一躍，跳上小船，殺十餘人，一手提刀，一手使舵，向樊城方向划去。這時，周倉撐大筏衝來，將小船撞翻，龐德落水，周倉跳下水去生擒龐德。

關羽破于禁、擒龐德用的是關門捉賊之計。當關羽得知于禁在罾口川紮營，就想好了用水攻破敵的辦法，連降大雨使襄江水位上漲，關羽命人決堤放水，等大水把于禁、龐德困住時再「捉賊」。

曹操水淹下邳，呂布眾叛親離

曹操的最大優勢，就是以數倍的軍隊困呂布於下邳城內，關好門戶，只等時機一到，便可捉賊。呂布第二次拒絕陳宮的謀略後，就已成甕中之鱉。

曹操率兵攻打徐州，呂布率殘兵退守下邳城，自恃糧食足備，且有泗水之險，安心坐守，以爲可以可保無恙。

陳宮對呂布說：「曹操遠來，不能長久。將軍可以率兵屯於城外，我率領其餘人等閉守城內。曹兵若攻將軍，我率兵擊其背；曹兵若來攻城，將軍則攻其後。過不了多久，曹操軍糧一盡，可一鼓而破，這是犄角之勢。」

呂布大喜，稱讚道：「先生所言極是。」於是回府收拾戎裝，對妻子嚴氏說了陳宮的計謀。

嚴氏說：「您統兵離城，丟下妻子，孤軍遠出，一旦有變，我還能是將軍的妻子嗎？」

呂布聽了這話躊躇未決，陳宮勸他說：「曹軍四面圍城，若不早點出城，必定受其所困。」

呂布說：「我認爲出城屯紮不如堅守。」

陳宮說：「最近聽說曹軍糧少，派人前往許都催糧，糧草早晚將至。將軍可引精兵往斷其糧道，此計更妙。」

呂布聽完後，又對嚴氏說明此事。嚴氏泣說：「將軍若出，陳宮、高順安能堅守城池？倘有差失，悔之晚矣！妾昔日在長安，已被將軍所棄，好不容易才與將軍相聚，誰知又棄妾而去？將軍前程萬里，請勿以妾爲念！」

呂布聽完愁悶不決，出來對陳宮說：「曹操詭計多端，不要輕舉妄動。」

陳宮歎道：「我等都要死無葬身之地矣！」

呂布終日不出，只同嚴氏、貂蟬飲酒解悶。

謀士許汜、王楷向呂布獻計說：「今袁術在淮南，聲勢大振。將軍舊日曾與他約婚，如今何不求他？」

呂布認為可行，忙派張遼護送許汜、王楷前去搬請救兵。

許汜、王楷二人對袁術說明呂布之意，袁術答道：「奉先反覆無信，可先送女，然後發兵。」

許汜、王楷回來見呂布，說明袁術之意，呂布問：「如何送去？」許汜說：「除非將軍親自護送，其他誰能突出重圍？」

當下，呂布下令：「張遼、高順引三千軍馬，安排小車一輛，我親送至二百里外，然後你二人送去。」

次夜二更時分，呂布將女兒用鎧甲包裹，負於背上，提戟上馬當先出城，張遼、高順跟著。不料，關羽、張飛二人攔住去路。

呂布無心戀戰，只顧奪路而行。此時，劉備又引軍殺來，兩軍混戰。呂布雖勇，終是縛一女在身上，只恐有傷，不敢衝突重圍。

呂布見衝不出去，只得退入城中，心中憂悶，只是飲酒。

曹操攻城，兩月不下，便有動搖之心，因此對眾人說：「北有袁紹之憂，東有劉表、張繡之患，下邳久圍不克，我欲退兵還許都，暫且息戰如何？」

荀攸急忙制止，分析道：「不可。呂布屢敗，銳氣已墮，軍以將為主，將衰則軍無戰心。陳宮雖有謀略，但設謀遲緩。現今呂布元氣未復，陳宮之謀未定，可速攻城，呂布可擒。」

郭嘉說：「我有一計，下邳城可立破，勝於二十萬師。」

荀攸說：「莫非決沂、泗之水，以淹下邳？」

郭嘉笑道：「正是此意。」

曹操大喜，馬上令軍士決兩河之水。

衆軍飛報呂布，呂布說：「我有赤兔馬，渡水如平地，又何懼哉！」仍然與妻妾痛飲美酒，因酒色過度，面容憔悴。

一日，呂布取鏡自照，驚歎：「我被酒色傷了！自今日起，當戒之。」遂下令城中，但有飲酒者皆斬。

呂布的部將侯成有戰馬十五匹，被人盜去，侯成知道後，將馬奪回。

諸將向侯成祝賀，侯成釀得五六斛酒，要與諸將會飲，怕呂布怪罪，於是先把酒送到呂布府中，稟告說：「託將軍虎威，追得失馬，衆將都來祝賀。釀得些酒，未敢擅飲，特先奉上。」

呂布大怒道：「我剛下令禁酒，你卻釀酒會飲，莫非要害我？」命推出斬首。

宋憲、魏續等諸將求請，呂布這才改爲打五十背花。

宋憲、魏續至侯成家探視，侯成哭著說：「如果不是諸位將軍，我命難保！」

宋憲說：「呂布只戀妻子，視我等如草芥。」

魏續說：「軍圍城下，水繞壕邊，我等死期將至！」

宋憲說：「呂布無情無義，不如我等棄之而走？」

魏續說：「不如擒住呂布獻給曹操。」

侯成說：「呂布所倚恃的是赤兔馬。你二人如果能獻城擒呂布，我當先盜馬去見曹操。」

三人商議定了，侯成趁夜暗至馬院，盜了赤兔馬，飛奔到曹操營寨，獻上赤兔馬，告知宋憲、魏續插白旗爲號，準備獻城。

曹操大喜，便押榜數十張射入城去。

第二天，城外喊聲震地。呂布大驚，提戟上城。城下曹兵望見城上白旗，竭力攻城，呂布只得親自抵抗。

從早晨直打到日中，曹兵稍退。呂布倚著門樓打盹，宋憲趕退左右，先盜呂布的畫戟，又與魏續一齊動手，將呂布繩纏索綁，緊緊縛住。隨即兩人把白旗一招，曹兵齊至城下。

魏續大叫：「已生擒呂布矣！」

宋憲在城上扔下呂布的畫戟，打開城門，曹兵一擁而入。

高順、張遼在西門，水圍難出，爲曹兵所擒。陳宮奔至南門，被徐晃擒住。

在這次戰役中，曹操對衆謀士的意見言聽計從，呂布卻不採納陳宮的謀略。曹操士氣高昂，呂布消沉毫無鬥志，又不知體恤下屬，最後遭到背叛。

曹操的最大優勢，就是以數倍的軍隊困呂布於下邳城內，關好門戶，只等時機一到，便可捉賊。呂布第二次拒絕陳宮的謀略後，就已成甕中之鱉。

【第23計】

遠交近攻

【原文】

形禁勢格，利從近取，害以遠隔。上火下澤。

【注釋】

形禁勢格：禁，禁錮、限制。格，阻礙。句意爲：受到地勢的限制和阻礙。

上火下澤：語出《易經，睽卦》。睽卦爲兌下離上，上卦爲離、爲火，下卦爲兌、爲澤。上火下澤，是水火相剋；水火相剋又可相生，循環無窮。本卦《象》辭說：「上火下澤，睽。」意爲上火下澤，兩相違離、矛盾。此計運用「上火下澤」相互違離的道理，說明採取「遠交近攻」的不同做法，使敵相互矛盾、背離，我軍則可各個擊破。

【譯文】

地理位置受到限制，形勢發展受到阻礙時，攻擊近處的敵人對自己有利，攻擊遠處的敵人對自己有害。火焰是向上竄的，澤水是向低處流的，萬事萬物的發展變化無不如此。

【計名探源】

遠交近攻，語出《戰國策・秦策》。范雎曰：「王不如遠交而近攻，得寸，爲王之寸，得尺，亦爲王之尺也。」這是范雎說服秦王的一句名言。

遠交近攻，結交離自己遠的國家而先攻打鄰國，是分化瓦解敵方聯盟，各個擊破的戰略性謀略。

當自己的行動受到地理條件的限制而難以達到時，應先攻取就近的敵人，而不能越過近敵去攻打遠離自己的敵人。

爲了防止敵方結盟，要千方百計去分化敵人，各個擊破。先消滅近敵，之後，「遠交」的國家又成爲新的攻擊對象。

「遠交」的眞正目的，實際上是爲了避免樹敵過多而採用的外交誘騙手段。

曹操結交呂布，免去後顧之憂

曹操看了謝表及呂布的答謝信，知道呂布拒絕了袁術的婚事，很高興。曹操用「遠交近攻」之計籠絡呂布，免去後顧之憂，便可專心討伐張繡。

在《三國演義》中，曹操不但仗打得好，耍陰謀更有一套。

曹操想要討伐張繡，又怕呂布伺機發兵進攻許都，便採用「遠交近攻」之計，以大漢天子的名義封呂布為平東將軍，並派王則給呂布送去了很多禮物，以表示和他交好。做完了這些之後，曹操才率領十五萬大軍殺奔宛城。

王則奉命來到徐州，送上平東將軍印綬，又拿出曹操的信函。王則在呂布面前極力講述曹操對他的敬意，呂布聽得十分得意。

這時，士卒稟報袁術的使者到了，呂布叫進問話，使者說：「袁將軍早晚就要即皇帝位，立東宮，現接皇妃早到淮南。」

呂布憤怒地說：「反賊無禮！」

原來，先前袁術的部將紀靈奉命追殺劉備，呂布用轅門射戟的方法罷了兩家的爭鬥。紀靈不敢多言，回淮南向袁術說了呂布轅門射戟之事，袁術勃然大怒：「呂布要了我許多糧食，反而偏袒劉備。我要親率大軍討伐劉備，同時兼討呂布！」

紀靈說：「將軍不要輕率從事，呂布勇力過人，兼有徐州之地，如果您大兵一到，他與劉備聯合，不易戰勝。我聽說呂布有一女兒，已到了談婚論嫁的年齡。將軍有一位公子，可以派人向呂布求親。呂布如果把女兒嫁給公子，他必殺劉備。這是『疏不間親』之計。」

袁術同意，立即派韓胤帶著禮物去徐州求親。

呂布與妻子嚴氏商量，嚴氏說：「我早就聽說袁術久鎮淮南，兵精糧足，早晚能得天下，如果能促成此事，那麼女兒有望成爲貴妃。只是不知袁術有幾個兒子？」

呂布說：「只有一個兒子。」

嚴氏說：「既然如此，應當立刻答應，縱然不能成爲皇后，那徐州也無憂了。」

於是，呂布許了親事，款待韓胤，並安排他在驛館休息。

第二天，陳宮到驛館看望韓胤，令左右退下，對韓胤說：「如果這件事再推遲，一定會被別人識破，就會中途有變。」

韓胤說：「如果是這樣該怎麼辦？請您指教。」

陳宮說：「我現在去見呂布，讓他馬上送女兒成親，如何？」

陳宮辭別韓胤去見呂布說：「當今天下諸侯相互爭雄，您與袁術結親，能保證諸侯不生嫉妒嗎？如果再拖延時間，或乘我良辰，半路設伏襲擊，那該怎麼辦？惟一的辦法是趁著諸侯還不知道時，把女兒送到壽春，擇吉日完婚，才萬無一失。」

呂布連連點頭，並轉告嚴氏，連夜置辦嫁妝，收拾寶馬香車，令宋憲、魏續送女兒前去。

鼓樂喧天驚動了在家養老的陳圭，得知是呂布與袁術結親，陳圭說：「這是疏不間親之計，要取劉備的性命！」

於是，陳圭抱病來見呂布說：「聽說將軍要死了，特來弔喪。」

呂布不高興地說：「這是什麼話？」

陳圭說：「先前袁術送您金帛，希望您殺劉玄德，被您用射戟的辦法化解了。現在又向您求親，是想把您的女兒當做人質，隨後便來進攻劉備。如果小沛失守，徐州也就危險了。即便不是這樣，袁術要是來借糧借兵，如果答應他，對您沒什麼好處，還會得罪人；如果不答應，他就會不顧親情而起戰禍。況且，我還聽說袁術有稱帝的意思，他如果造反，您就是反賊的親屬，那麼天下還能容您嗎？」

呂布恍然大悟，趕緊令張遼帶兵追趕，追了三十多里才把女兒追回，韓胤也被拿下監禁。

這就是「迎娶皇妃」的過程，現在袁術又派人催促把女兒送去成親，呂布大怒，殺了來使，命陳登帶著謝表，押解韓胤，和王則一起到許昌去見曹操。

曹操看了謝表及呂布的答謝信，信中呂布要求實授徐州牧。曹操知道呂布拒絕了袁術的婚事，很高興，於是斬了韓胤。

陳登私下裡對曹操說：「呂布狼子野心，有勇無謀，與他人往來一向輕率，應該想辦法消滅他。」

曹操說：「我早就知道呂布是豺狼，實在難以久養。只有你們父子才能看清他的本質，你應該給我出主意呀！」

陳登說：「丞相如果興兵，我一定會做內應。」

曹操十分高興，贈陳圭十年俸祿二千石，封陳登爲廣陵太守。

陳登回到徐州見呂布，呂布問事情結果，陳登說：「父親得到贈祿，我被封爲廣陵太守。」

呂布很不高興說：「你不爲我要徐州牧，卻爲自己求爵祿！你父親叫我與曹操合作，拒絕與袁術結親。現在，我所要的一無所獲，而你父子二人全都得到顯貴。我被你們父子出賣了！」拔劍要殺陳登。

陳登大笑說：「將軍，你爲什麼不明白呢？」

呂布問：「我不明白什麼呢？」

陳登說：「我對曹操說養將軍如同養虎，當吃飽肉，不飽就要傷人。曹操卻笑著說：『並不像你說的，我待溫侯如養蒼鷹，狐狸兔子還沒抓完，豈能先餵飽呢？餓著他自有用處，如果飽了又怎麼去抓狐狸和兔子呢？』我問：『那誰又是狐狸和兔子呢？』曹操說：『淮南的袁術，江東的孫策，冀州的袁紹，荊州的劉表，益州的劉璋，漢中的張魯，全是狐狸、兔子。』」

呂布扔下劍大笑說：「曹操算是眞正瞭解我啊！」

曹操用「遠交近攻」之計籠絡呂布，免去後顧之憂，便可專心討伐張繡。

東吳遠交魏國近攻蜀漢

孫權寫表稱臣，令趙諮為使，星夜前去許都見曹丕。曹丕既然封賞孫權，定不會出兵攻打吳國，至此吳國「遠交」的目的達到，便可集中全力對付蜀國。

蜀漢章武元年秋八月，劉備爲了報關羽被殺之仇，不顧群臣勸阻，親自率領大軍討伐東吳，兵至夔關，駕屯白帝城，大有一口吞滅江東之勢。

孫權見劉備來勢洶洶，料定難以抵擋，特派諸葛瑾爲使者前去說和，想讓兩家重歸於好，但被劉備斷然拒絕。

諸葛瑾回江東見孫權說明此事，孫權大驚說道：「如此，江東就危險了！」

這時，中大夫趙諮獻計說：「我有一計，可解此危急。主公不妨採取遠交近攻之計，假意歸附曹魏，我願意當使者，前去見魏帝曹丕陳說利害，使其襲擊劉備的漢中，那麼蜀兵必然危矣。」

孫權大喜，當即寫表稱臣，令趙諮為使，星夜前去許都去見曹丕。近臣通報後，曹丕笑道：「這是遠交近攻之計，如今劉備攻勢甚急，吳國怕我與蜀兵聯合進攻。」立即下令召入使者。

趙諮行過大禮後，遞上孫權的表章。曹丕看完表後，就問趙諮：「吳侯孫權是一個怎樣的人物啊？」

趙諮回答道：「聰明、仁智、雄略之主也。」

曹丕笑道：「先生是不是過獎啊？」

趙諮說：「臣並非過獎。吳侯結納魯肅於凡人中間，是其聰也；提拔呂蒙於行伍之中，是其明也；抓住于禁而不加害於他，是其仁也；取荊州兵不血刃，是其智也；據三江虎視天下，是其雄也；屈身於陛下，是其略也。以此論之，豈不為聰明、仁智、雄略之主乎？」

曹丕又問道：「吳侯是不是很有學問呢？」

趙諮答道：「吳主佔據江東，有戰艦萬艘，威武雄壯的士兵上百萬人，並且任用賢能，心存經略天下之志。只要一有空閒，便博覽群書，典籍經史皆能抓住中心主旨，不像一般的書生只會死讀書，斷章取義。」

趙諮的回答不卑不亢。

曹丕又說：「我要討伐吳國，可以成功嗎？」

趙諮答道：「魏國是大國，自然有征伐小國的能力，吳國是小國，不過，小國也有防禦的力量。」

曹丕不甘心，又問道：「吳國懼怕魏國嗎？」

趙諮答道：「武裝的戰士上百萬，又有長江天險，有什麼好怕的呢？」

曹丕說：「東吳像你這樣的人有多少？」

趙諮答道：「聰明練達的人有八九十人，至於像我這樣的人，可以用車載用斗量，不可勝數。」

曹丕歎道：「出使四方，不辱君命，先生足可擔當大任。」於是降詔，封孫權爲吳王，加九錫。

曹丕既然封賞孫權，必定不會出兵攻打吳國，至此吳國「遠交」的目的達到，便可集中全力對付蜀國。

【第24計】

假道伐虢

【原文】

兩大之間，敵脅以從，我假以勢。困，有言不信。

【注釋】

假：假借。

困，有言不信：語出《易經·困卦》。困卦爲坎下兌上，上卦爲兌、爲澤、爲陰；下卦爲坎、爲水、爲陽。卦象表明，本該容納於澤中的水，現在離開澤而向下滲透，以致澤無水而受困。同時，水離開澤流散無歸也是困，所以卦名爲「困」，是困乏的意思。困卦的卦辭說：「困，有言不信。」大意是說：處在困乏境地，難道還能不相信強者的話嗎？假途伐虢之計運用困卦卦理，強調處在兩個大國中的小國，面臨著受人脅迫的境地，這時我方若說要去援救，對方在困頓中能會不相信嗎？

【譯文】

位於敵我兩個大國之間的小國，當敵方脅迫它屈服的時候，我方要立即出兵援助，並借機把自己的力量滲透進去。對於處於困境的國家，只說空話而無實際援助，是不能取得信任的。

【計名探源】

假道，是借路的意思。語出《左傳．僖公二年》：「晉荀息請以屈產之乘，與垂棘之璧，假道於虞以滅虢。」

處在敵我兩大國中間的小國受到別人武力威脅時，必須出兵援助，把己方力量滲透進去。對處在夾縫中的小國，只用甜言蜜語而無實際行動是不會取得信任的，因此援助國往往以「保護」爲名，或給予「好處」，火速進軍控制局勢，使其喪失自主權，再適時襲擊，就可輕易地取得勝利。

春秋時期，晉國想吞併鄰近的兩個小國虞和虢，但這兩個國家之間關係很好，晉如襲虞，虢會出兵救援；晉若攻虢，虞也會出兵相助。

大臣荀息向晉獻公獻上一計說，要想收服這兩個國家，必須離間它們，使它們反目成仇。虞國的國君貪得無厭，正可以投其所好。他建議晉獻公拿出心愛的兩件寶物，屈產良馬和垂棘之璧，送給虞公。

晉獻公捨不得，荀息說：「大王放心，只不過讓他暫時保存罷了，等滅了虢國再滅虞國，一切不都又回到您的手中了嗎？」

晉獻公依計而行，虞公得到良馬美璧，高興得嘴都合不攏。

不久，晉國故意製造事端，找到了伐虢的藉口。晉國要求虞國借道讓晉國伐虢，虞公得了晉國的好處，不得不答應。虞國大臣再三勸說，指出虞虢兩國唇齒相依，虢國一亡，必然唇亡齒寒，晉國是不會放過虞國的。

虞公短視近利，就是不聽。

晉國大軍借道虞國，前去攻打虢國，不久就取得了勝利。班師回國時，晉國沒費吹灰之力就滅掉了虞國。

劉璋引狼入室，劉備奪取益州

劉備用計占了雒城，發兵攻打成都。劉璋大驚，向劉備投降。從此，劉備有荊州、益州這兩個富庶之地，曹操、孫權、劉備三足鼎立的格局正式形成。

諸葛亮在隆中對三分天下時，就為劉備謀劃好，應設法佔據西川，與曹操、孫權鼎足而立。但西川一直為劉璋所有，劉備苦無機會佔奪。

赤壁大戰過後，張魯要攻取西川，劉璋軟弱無能，聽到這個消息，心中十分害怕，急忙召集眾官員商議。

這時，益州別駕張松挺身而出說：「我聽說曹操擒呂布、滅袁術、破袁紹、掃蕩中原，新近又擊敗了馬超，可稱天下無敵。請主公準備厚禮，我親自去許都說服曹操進攻漢中，到時，張魯須抗拒曹操，便顧不上侵犯蜀中了。」

劉璋十分高興，準備金銀錦綺作爲禮物，派張松爲使者，去許都遊說曹操。殊不知，張松此行並非去遊說曹操，而是見劉璋無能，打算另尋明主。張松暗地裡畫了西川地理圖，帶著幾個隨從直奔許都。

張松到了許都，每天都到相府求見，結果連去三日都沒見到曹操，託人賄賂了曹操左右近侍，才被引進相府。

張松見過曹操，曹操問道：「你家主人劉璋爲什麼連年不進貢？」

張松回答說：「因爲路途遙遠艱險，賊寇打掠，故而不能順利進貢。」

曹操大怒說：「我已掃清中原，哪來的盜賊？」

張松答說：「南有孫權，北有張魯，東有劉備，他們率兵割據一方，這豈能說是太平？」

曹操見張松額頭突出，頭頂尖尖，仰鼻露齒，身高不過五尺，形象猥瑣，便有幾分不喜，又見他言語魯莽衝撞，便拂袖而起轉入內堂。

左右對張松說：「你身爲使者，卻不懂禮數，一味衝撞丞相，幸虧丞相看你是遠來客人，沒降罪於你。你趕快回去吧！」

張松笑著說：「蜀中沒諂媚阿諛之人。」

張松正想辭回，卻被相府主簿楊修挽留。楊修入見，對曹操說張松是能人。曹操對楊修說：「明日在校場點軍，以示軍容之盛，請張松前來參觀。」

第二天，曹操親點虎衛軍五萬，只見盔明甲亮，金鼓震天，旌旗飛揚，人馬騰空。曹操問張松：「蜀中有無如此雄壯虎士？」

張松說：「未有，但蜀中以仁義治人。」

曹操很不高興：「我視天下諸侯如草芥，大軍所向，無往不勝，你知道嗎？」

張松說：「丞相攻必取，戰必勝，我倒聽說過。例如，濮陽攻呂布，宛城戰張繡，赤壁遇周郎，華容逢關羽，又如潼關割鬚棄袍，渭水奪船避箭，這全是無敵於天下啊！」

曹操勃然大怒，喝令左右推出去斬了，多虧楊修求情，曹操才令亂棒打出。

張松連夜出城，心想：「我本想把西川獻給曹操，誰知曹操如此傲慢！我來時誇下海口，如果空回必遭人恥笑。聽說劉備仁義，不如繞道荊州，看劉備如何。」

張松來到郢州界口，劉備盛情款待，一連三日。張松告辭返回時，劉備又在十里長亭設宴相送。

張松見劉備如此寬厚待人，至今沒有落腳之地，便主動提出：「荊州東有孫權，常懷虎踞之意；北有曹操，總有鯨吞之心，所以並非皇叔安身之所。益州天然險峻，沃野千里，國富民殷，又有眾多智慧之士，都久慕皇叔品行，如果率荊州之兵進取西川，那麼大事可成，漢室可興啊！」

劉備說：「劉璋也是漢室宗親，不忍心奪他的屬地啊！」

張松說：「劉璋軟弱無能，現在張魯在北虎視益州，益州官員人心離散，思得明主。我本來想把西川送給曹操，沒想到曹操傲賢慢士，所以特地來見皇叔。如果皇叔先取西川，然後北取漢中，伺機收取中原，必將名垂青史。皇叔如有取西川之意，我願做內應，不知皇叔意下如何？」

劉備說：「我聽說蜀道崎嶇難行，又如何取得下西川呢？」

張松立刻從袖中取出一卷圖紙，遞給劉備。

劉備展開觀瞧，方知是西川地圖，上面詳細地寫著地理概況、遠近行程、道路寬窄，山川要塞，庫府錢糧等都標注得明明白白。

張松說：「皇叔可立刻行動，我心腹好友法正、孟達二人必能相助。」說完辭別劉備返回西川。

張松回益州覆命劉璋說：「荊州劉備，與主公同宗，寬厚仁慈，頗有長者之風。

赤壁之戰曾大破曹操，何況張魯之流？主公不如派使者與劉備結好，作爲外援，這樣何懼張魯呢？」

劉璋忙問：「誰能擔此重任？」

張松說：「除了法正、孟達外，別人辦不了這件事。」

劉璋立即令法正爲使臣，先與劉備通好，又派孟達率領精兵五千，前去迎接劉備入川。劉備大喜，帶兵向西川進發，才進西川地界沒多久，孟達率兵迎接。

劉璋命沿途州郡供給錢糧，然後準備親自去涪城迎接劉備。主簿黃權叩頭流血忠諫道：「主公此去，必被劉備所害，萬萬不可親往。」

劉璋執意不聽，不久與劉備相遇於涪城。涪城離成都三百六十里，兩軍都屯兵於涪江之上。劉備進城去見劉璋，龐統、法正勸劉備在席間殺掉劉璋，如此西川便唾手可得。劉備卻說：「我剛到蜀中，恩德、信義未立，絕不能做這種事。」

劉備入川不久，忽報張魯侵犯葭萌關，劉璋便令劉備前去拒敵。劉備到了葭萌關，廣施恩惠，收買人心，頗得民心。

一天，忽然聽聞曹操想進兵東吳。龐統便讓劉備以援助東吳爲藉口，向劉璋借精兵三、四萬，軍糧十萬斛。劉璋的臣僚極力反對此事，並稱現已是引狼入室了，再借錢糧無異於使劉備如虎添翼。於是，劉璋只撥老弱四千人馬、米一萬斛，發書遣使送給劉備。

劉備見狀大怒，撕毀書信，大罵使者，接著親自帶兵回涪城，用計殺了守將楊懷、高沛。劉璋聞訊大驚，忙派冷苞、張任、鄧賢等點五萬大軍，前往雒縣抵擋劉備。諸葛亮和張飛得到消息，分兵兩路殺奔西川。

劉備用計占了雒城，又用諸葛亮之計得了綿竹、葭萌關，然後發兵攻打成都。劉璋大驚，嚇得面如土色，對衆臣說：「全是我的過錯，後悔沒用了。不如開城投降，以救滿城百姓。」

第二天，劉璋向劉備投降。從此，劉備有荊州、益州這兩個富庶之地，曹操、孫權、劉備三足鼎立的格局正式形成。

周瑜假道伐虢，意圖奪取荊州

周瑜密謀奪取荊州，諸葛亮將計就計，設好伏兵，周瑜領兵到來時遭到伏擊，只得退回東吳去，周瑜的「假道伐虢」之計沒有得逞。

劉備用計從東吳借走了荊州，又娶走了孫權的妹妹，吳國一直想要討回荊州。魯肅奉周瑜之命來見劉備，想索回荊州。劉備依諸葛亮之計，等魯肅說明來意，就大哭起來，直哭得魯肅愕然不知所措。

諸葛亮出面解釋說：「當初借荊州曾許諾取得西川便還，細想起來，益州劉璋是我主公之弟，取他城池，恐被外人唾罵。若是不取，又還了荊州，何處棲身？若不還荊州，於尊舅面上也不好看。事出兩難，因此我主人十分悲傷！」

諸葛亮又說：「有煩你回見吳侯，懇求再容緩幾時，吳侯既以親妹嫁給皇叔，想必是會答應的。」

魯肅只得應允，回去對周瑜一說，周瑜就知上了諸葛亮的當。於是，周瑜設下「假道伐虢」之計，令魯肅再去荊州跟劉備說，孫、劉兩家既結了姻親，便是一家，若劉備不忍心去取西川，東吳便去取來送給劉備，而後劉備把荊州還給東吳。

魯肅不解：「西川路途迢迢，取之不易，莫非你是在用計謀？」

周瑜得意地笑道：「你道我眞個去取西川給他？我只以此爲名，實際上是要取荊州，教他沒有防備。待我兵馬路過荊州，向他索取錢糧，劉備必然出城勞軍，那時乘勢殺之，奪取荊州！」

於是，魯肅又到荊州見劉備說：「吳侯十分讚賞皇叔之德，遂與諸將商妥，起兵代皇叔取西川。以西川權當嫁資，換回荊州，但軍馬過境時，望助些錢糧。」

諸葛亮一口答應下來。劉備不知其意，諸葛亮說：「此乃『假途滅虢』之計，名爲取川，實取荊州。待主公出城勞軍，乘勢殺入荊州！」

於是，諸葛亮將計就計，設好伏兵，周瑜領兵到來時遭到伏擊，吳軍只得退回東吳去，周瑜的「假道伐虢」之計沒有得逞。

逆戰計

【第25計】

偷樑換柱

【原文】

頻更其陣，抽其勁旅，待其自敗，而後乘之。曳其輪也。

【注釋】

頻更其陣：頻，頻繁、不斷地。其，指示代詞，這裡是指的敵軍。陣，古代作戰時用的陣式。

勁旅：精銳部隊、主動部隊。

乘之：乘，乘機。乘之，這裡是指乘機加以控制。

曳其輪：曳，拖住。這句話出自《易．既濟．象》：「曳其輪，義無咎也。」意思是說：只要拖住了車輪，便能控制車的運行，這是不會有差錯的。

【譯文】

頻繁地變動敵人的陣容，抽調開敵人的精銳主力，等待它自行敗退，然後乘機取勝。這就好像拖住了大車的輪子，使大車不能運行一樣。

【計名探源】

偷樑換柱，指用偷換的辦法，暗中改換事物的中心，以達到蒙混欺騙對方的目的。「偷天換日」、「偷龍換鳳」、「調包計」，都是同樣的意思。用在軍事上，指對敵作戰時，反覆更換其陣容，藉以削弱其實力，等待它一敗塗地之時，將其全部控制。此計中包含爾虞我詐、乘機控制別人的權術，也常運用於政治謀略和外交謀略。

秦始皇統一天下後，自以爲江山永固，基業可以子孫萬代相傳。由於他自認身體還不錯，一直沒有確立太子，指定百年之後的接班人，致使後牆起火。當時，宮廷存在著兩個實力強大的政治集團：一個是長子扶蘇、蒙恬集團；一個是幼子胡亥、趙高集團。

扶蘇恭順好仁，爲人正派，在全國有很高的聲譽。秦始皇本意欲立扶蘇爲太子，爲了鍛鍊他，派他到著名將領蒙恬駐守的北方爲監軍。至於幼子胡亥，早被嬌寵壞了，在宦官趙高教唆下，只知吃喝玩樂。

西元前二一〇年，秦始皇第五次南巡，到達平原津（今山東平原縣附近），突然一病不起。此時，他知道自己的大限將至，連忙召丞相李斯，要他傳密詔，立扶蘇為太子。然而掌管玉璽和起草詔書的宦官頭子趙高早有野心，看準了這是難得的機會，故意扣壓密詔，等待時機。

幾天後，秦始皇在沙丘平召（今河北廣宗縣境）駕崩。李斯怕太子回來之前政局動盪，所以密不發喪。

趙高特地去找李斯，告訴他：「皇上策立扶蘇的詔書，還扣在我這裡。現在，立誰為太子，我和你就可以決定。」狡猾的趙高又對李斯講明利害，「如果扶蘇做了皇帝，一定會重用蒙恬，到那個時候，丞相的位置你能坐得穩嗎？」

這一席話說動了李斯，二人於是合謀，製造假詔書，賜死扶蘇，殺了蒙恬。

趙高未用一兵一卒，只用偷樑換柱的手段，就把昏庸無能的胡亥扶上帝位，為自己今後的專權打開了通道，也為秦朝的滅亡埋下禍根。

張繡巧用調包計，典韋死戰護曹操

胡車兒是個聰明人，知道典韋是一員勇將，所以來個偷樑換柱，盜走了典韋的雙戟，再加之醉酒威力大減，因此大敗曹兵，還險些捉住曹操。

建安二年，曹操親自統率大軍十五萬討伐張繡，到了淯水下寨。張繡身邊的謀士賈詡對張繡說：「曹操兵多將勇，勢力強大，難以抵擋，不如投降曹操。」張繡答應了，派賈詡前往曹操處致降書。曹操納降，第二天曹兵進入宛城屯紮，剩下的在城外安營下寨。張繡每天設宴款待曹操。

一天，曹操酒後問身邊的人：「這城中有美女嗎？」

曹操的侄子曹安民知道意思，便偷偷對曹操說：「張繡的嬸娘鄒氏很漂亮。」

曹操馬上命人帶來，一看果然十分漂亮。這夜，鄒氏與曹操共宿帳中。事後，鄒氏跟曹操說：「久住城裡，張繡必起疑心，外人也會議論。」

曹操說：「無妨，明日同夫人到寨中住。」

第二天，曹操帶著鄒氏搬到城外安歇，命典韋在中軍帳外守衛，任何人不許入內。就這樣，曹操終日與鄒氏在帳中飲酒取樂，不想回師許都。

但沒有不透風的牆，這件事還是讓張繡知道了。張繡大怒：「曹操老賊太欺辱我了！」便請賈詡商議。

賈詡說：「這件事不能張揚。明日等曹操出帳議事時，須如此如此。」

第二天，張繡假意向曹操請示：「最近投降的兵士，逃跑的越來越多，請求把他們轉到中軍。」

曹操同意了。張繡轉移了他的軍隊，分為四寨，伺機舉事。但是，張繡畏懼典韋勇猛，還是難以下手，便與偏將胡車兒商議。

胡車兒向張繡建議：「典韋最厲害的武器是他那雙鐵戟。主公明日可請他來吃酒，將他灌醉。我混入他的軍中，偷偷盜出他的鐵戟，這人就容易對付了。」

張繡大喜，預先準備弓箭、甲兵，通知各寨。到了預定時間，派人請典韋到寨中飲宴，並殷勤勸酒，直至很晚才散掉酒席。

這天夜裡，曹操在帳中與鄒氏飲酒，快到二更天，忽聽帳外人喊馬嘶，報告說草車起火。曹操說：「草車失火，不得驚擾亂動。」

轉眼間，四下裡起火，曹操這才意識到大事不妙，忙喚典韋。典韋吃酒過多，睡得正香，睡夢中聽到喊殺之聲，便跳將起來，卻找不到雙戟。

這時敵軍已到轅門，典韋急忙抽出步兵的腰刀。但見無數兵馬各挺兵刃，殺進寨中。典韋奮力向前，砍死數十人，怎奈人單勢孤，加上身無片甲，中了數十槍。但是，典韋死戰不退，刀砍得捲刃不能用了，便把刀扔掉，雙手提了兩具屍體迎敵，擊死八九人。衆人不敢接近，只是遠遠地射箭，箭如驟雨。典韋仍死守寨門，無奈背上又中一槍，大叫數聲，血流滿地而死。死了半晌，仍沒有人敢越門而入。

曹操見典韋擋住寨門，從寨後上馬逃走，這時身邊只有曹安民相隨。曹操右臂中了一箭，馬也中了三箭。剛到水河邊，追兵趕來，曹安民被砍爲肉泥。

曹操急忙催馬過河。剛上岸，敵兵一箭射中馬眼，馬撲倒在地。曹操的長子曹昂趕上，急忙把馬讓給曹操，曹操上馬急奔，曹昂被亂箭射死。

胡車兒是個聰明人，知道典韋是一員勇將，所以來個偷樑換柱，盜走了典韋的雙戟，再加之醉酒威力大減，因此大敗曹兵，還險些捉住曹操。

孔明偷樑換柱，姜維中計歸降

姜維走投無路，撥馬望長安方向而走，忽然數千蜀兵殺出。姜維人困馬乏，難以抵擋，勒馬回走。忽然一輛小車從山坡中轉出，車上之人正是諸葛亮。

在《三國演義》中，姜維是一個很特殊的人物，一出場就一鳴驚人，讓諸葛亮吃了個敗仗，而且敗得很慘，險些遭擒。

諸葛亮打探姜維底細，得知他是冀城人，只有老母在堂，侍母至孝，文武雙全，智勇足備，當地人都很尊敬他。諸葛亮覺得姜維是個人物，打聽到他的母親在冀城，天水的糧草在上邽，便決定用偷樑換柱之計收服他。

諸葛亮命趙雲引一軍去攻上邽，派魏延引一軍去攻冀城，並囑咐魏延，如姜維來救，一定放他入城，然後圍住冀城，諸葛亮率軍在天水外三十里下寨。

早有探子報入天水郡，說蜀兵分爲三路進攻：一軍困守天水，一軍取上邽，一軍取冀城。姜維聞聽，向馬遵請求：「我家老母現在冀城，如冀城有失，恐家母有危險。請太守派我率領一軍去救冀城，兼保老母。」

馬遵應允，派姜維率三千人去保冀城，梁虔率三千人去保上邽。

姜維領兵來到冀城，被魏延截住去路，二人廝殺一番，魏延按諸葛亮吩咐詐敗而走。姜維入城閉門，拜見老母，並不出戰。趙雲也依計，把梁虔放入上邽城。

諸葛亮派人去南安郡將被俘的魏國駙馬夏侯楙提來。

諸葛亮問：「你要生還是要死？」

夏侯楙連忙叩頭乞命。

諸葛亮說：「現今姜維守冀城，派人下書來說：但得駙馬在，我願歸降。我今饒你性命，你願意招降姜維嗎？」

夏侯楙連忙答應，諸葛亮賜予夏侯楙衣服鞍馬，不令人跟隨，放之自去。夏侯楙得脫出寨，不認識道路，只得尋路而走。

正行走之間，碰見有人奔走。夏侯楙問此處通往何處，那些人答道：「我等是冀縣百姓，如今姜維獻了城池，歸降諸葛亮，蜀將魏延又縱火劫財，我等因此棄家奔走，投上邽去了。」

夏侯楙又問道：「現今天水城守將是誰？」

這些人答道：「是馬太守。」

夏侯楙聞聽，調轉馬頭向天水而行，又見許多百姓攜老扶幼而來，與那幾個百姓的說法一樣。

夏侯楙來到天水城下叫門，城上人認得是夏侯楙，趕緊開門迎接。馬遵向夏侯楙詢問原因，夏侯楙細言姜維之事，又把途中百姓所言說了。

馬遵歎道：「不想姜維反投蜀漢去了！」

初更時分，蜀兵又來攻城。

火光中，只見姜維在城下挺槍勒馬，大叫道：「請夏侯都督答話！」

夏侯楙與馬遵等皆到城上，姜維耀武揚威大叫道：「我爲都督而降，都督爲何背棄前言？」

夏侯楙道：「你食魏國的俸祿，爲何投降蜀國？有什麼前言？」

姜維應道：「你寫書教我降蜀，現在又何出此言？你要脫身，卻把我陷了！我今降蜀，封爲上將，哪有還魏的道理？」說罷，驅兵攻城，直到天明才退兵。

原來這個攻城的並非姜維，是諸葛亮令形貌相似的士兵假扮，因爲在夜間，又加之火光之中，所以馬遵、夏侯楙等人沒有辨出眞僞。

諸葛亮又派兵來攻冀城。城中糧少，姜維在城上，見蜀軍大車小輛搬運糧草，全都運入魏延寨中去了。

姜維引三千兵出城，前來劫糧。蜀兵盡棄了糧車，尋路而走。姜維奪得糧車，正要入城，忽然一隊蜀軍攔住，爲首之人是蜀將張翼。二人交鋒，沒戰幾個回合，王平又引軍殺到，兩下夾攻。姜維抵敵不住，奪路歸城，不料城上早插上蜀兵旗號，原來魏延趁機偷襲了冀城。

姜維一路廝殺，又被張苞截殺了一陣，最後只剩下單槍匹馬來到天水城下。城上守軍見是姜維，連忙報告太守馬遵。

馬遵道：「這是姜維來賺城門。」令城上亂箭射下。

姜維見蜀兵逼近，又往上邽城奔去。城上守將梁虔見了姜維，大罵道：「反國之賊，也敢來賺我城池！我已經知道你投降了蜀國！」下令亂箭射下。

姜維走投無路，仰天長歎，撥馬望長安方向而走。還沒走出幾里路，見前面有一大片茂盛的樹林，忽然喊聲四起，數千蜀兵殺出，原來是關興率軍截住了姜維的去路。

姜維人困馬乏，難以抵擋，勒馬回走。忽然一輛小車從山坡中轉出，車上之人頭戴綸巾，身披鶴氅，手搖羽扇，正是諸葛亮。

諸葛亮對姜維說：「伯約此時不降還待何時？」

姜維尋思良久，前有諸葛亮，後有關興，又無去路，只得下馬投降。

諸葛亮慌忙下車相迎，拉著姜維的手說：「我自出茅廬以來，遍求賢者，要傳授平生所學，恨未得其人。今天遇見伯約，我願足矣。」

姜維連忙拜謝。

其實，姜維並不是個才能出眾的人。論兵法謀略，姜維不如馬謖，論領兵打仗，姜維不及魏延，但諸葛亮卻偏偏看中了姜維，把伐魏的重任交給他，用一個才能普通的人擔負國家大事，蜀漢的下場不難預見！

【第26計】

指桑罵槐

【原文】

大凌小者，警以誘之。剛中而應，行險而順。

【注釋】

大凌小：大，強大；小，弱小。凌，凌駕、控制。句意爲：勢力強大的一方控制勢力弱小的一方。

警以誘之：警，警戒。這裡是指使用警戒的方法。誘，誘導。句意爲：用警戒的方法進行誘導。

剛中而應，行險而順：語出《易經·師卦》：「師，眾也；貞，正也。能從眾正，可以王矣。剛中而應，行險而順。以此毒天下而民從之，專又何咎關。」這段話的意思是：「軍隊是由爲數眾多的人組成的。人數眾多，必然良莠不齊，必須以正道使之統一，方可稱王於天下。」師卦爲坎下坤上，九二爲陽、爲剛，處於下坎之中位，又與上坤的六五相應，象徵著主帥得人並受到信任，這叫「剛中而應」。但坎卦又爲水、爲險，坤卦則爲地、爲順，象徵著主帥要得人信任，需用險毒之舉，方可使士兵順從，這叫做「行險而順」。

【譯文】

強者懾服弱小者，要用警戒的方法加以誘導。威嚴適當，可以獲得擁護；手段高明，可以使人順服。

【計名探源】

指桑罵槐運用在政治、軍事上，與「殺雞儆猴」類似，要以各種政治和外交謀略，「指桑」而「罵槐」，施加壓力配合軍事行動。對於弱小的對手，可以用警告和利誘的方法，不戰而勝。對於比較強大的對手，則可以旁敲側擊加以威懾。

春秋時期，齊相管仲為了降服魯國和宋國，就運用了此計。他先攻下弱小的遂國，魯國畏懼，立即請罪求和，宋見齊魯和好聯盟，也只得認輸求和。管仲「敲山震虎」，不用付出太大的代價就使魯、宋兩國臣服。

作為部隊的指揮官，必須做到令行禁止，法令嚴明。否則，指揮不靈，令出不行，士兵一盤散沙，如何能行軍作戰？

歷代名將治軍都特別注意軍紀嚴明，採取剛柔相濟之策，既關心和愛護士兵，又嚴加約束，絕不能有令不從，有禁不止。有時會採用「殺雞儆猴」的方法，抓住個別壞典型從嚴處理，發揮威懾全軍的作用。

春秋時期，齊景公任命司馬穰苴爲將，帶兵攻打晉、燕聯軍，又派寵臣莊賈做監軍。穰苴與莊賈約定，第二天中午在營門集合。

第二天，約定時間一到，穰苴就到軍營宣佈軍令，整頓部隊。可是，莊賈遲遲不到，穰苴幾次派人催促，直到黃昏時分，莊賈才帶著醉容到達營門。

穰苴問爲何不按時到軍營來，莊賈無所謂地說親戚朋友都來設宴餞行，總得應酬應酬，所以來得遲了。

穰苴非常氣憤，斥責他身爲國家大臣，負有監軍重任，卻不以國家大事爲重。莊賈以爲這是區區小事，仗著自己是國王的寵臣親信，對穰苴的話不以爲然。

穰苴當著全軍將士問軍法官：「無故誤了時間，按照軍法應當如何處理？」

軍法官答道：「該斬！」

穰苴立即命令拿下莊賈。莊賈嚇得渾身發抖，隨從連忙飛馬進宮，向齊景公報告情況，請求景公派人救命。

景公派來的使者沒有趕到，穰苴已將莊賈斬首示衆。全軍將士看到主將斬殺違犯軍令的大臣，個個嚇得發抖，誰還敢不遵守將令？

這時，景公派來的使臣飛馬闖入軍營，叫穰苴放了莊賈。穰苴應道：「將在外，君命有所不受。」

他見來使驕狂，又叫來軍法官：「在軍營亂跑馬，按軍法應當如何處理？」

軍法官答道：「該斬！」

來使嚇得面如土色。穰苴不慌不忙地說道：「君王派來的使者，可以不殺。」下令殺了他的隨從和三駕車的左馬，砍斷馬車左邊的木柱，然後讓使者回去報告。

穰苴軍紀嚴明，軍隊戰鬥力旺盛，果然打了不少勝仗。

呂蒙殺一儆百，軍紀更加嚴明

不是呂蒙不念同鄉之情，而是呂蒙要殺一儆百，畢竟他是三軍統帥，為了嚴明軍紀，即使同鄉犯了小過錯，也必須嚴格執法。

《三國演義》中滿是文韜武略、鬥智鬥勇，其間並不是純粹的殺打攻伐，更有智慧的較量，其中呂蒙白衣渡江奇襲荊州就是非常精采的一節。

劉備從東吳借了荊州賴著不還，周瑜、魯肅做都督時就想取回荊州，可惜二人都英年早逝。後來，呂蒙繼任都督，和孫權、陸遜商議要取回荊州。呂蒙先用計使關羽撤走了荊州的精兵，然後親自率兵來攻取荊州。

東吳士兵扮作商人，駕著快船向潯陽江日夜兼行，一直抵達北岸。江邊是關羽修築的烽火台，烽火台上的蜀軍盤問時，吳兵回答說：「我們是商人，因為江中風大，想到這裡避一避。」隨即將一些財物送給守台的蜀軍。

蜀軍很高興，不再細問，允許他們停泊在江邊。

等到了深夜，藏在船中的吳兵一起殺出，將烽火台的軍士全部制服，隨後發出暗號，八十多條船的吳兵全都衝出，將緊要處烽火台的軍士全都俘獲押入船中。接著，吳兵又長驅直入，直奔荊州。

快到荊州時，呂蒙對俘獲的蜀軍好言撫慰，個個重賞，讓他們前去賺開城門，縱火爲號。隨即吳兵一齊攻入，襲取了荊州。

這就是呂蒙「白衣渡江奇襲荊州」的過程。

進城後，呂蒙傳下軍令：如有妄殺一人，妄取民間一物的，定按軍法從事。荊州原任官吏仍各任舊職，關羽的家屬另養在別院中，不許閒雜人等騷擾。同時，馬上派人稟報孫權。

一天，正下著大雨，呂蒙騎馬帶著幾名親兵查巡四門，忽然看見一個士兵用百姓的笠遮蓋鎧甲。呂蒙喝令左右拿下審問，一問才知這個人是呂蒙的老鄉。

呂蒙卻說：「你我雖是同鄉，但我有軍紀在先，你已違反，應當按軍法處之。」

這個士兵哭著訴說：「我是怕大雨淋濕官家的鎧甲，所以才拿來遮蓋，不是爲自己的私事，希望將軍念同鄉的情分！」

呂蒙又說：「我知道你是蓋官家的鎧甲，但終究是拿了老百姓的東西。」喝叱左右推出去斬了，並傳首示衆，然後收拾屍首，哭著把這個士兵埋葬了。

從此三軍震驚，軍紀更加嚴明了。

不是呂蒙不念同鄉之情，而是呂蒙要殺一儆百，畢竟他是三軍統帥，爲了嚴明軍紀，即使同鄉犯了小過錯，也必須嚴格執法。

曹操殺崔琰懾服百官

曹操將崔琰貶為平民，派人監視他的言行，不久便賜死。很顯然，這件事曹操是做給百官看的，如果膽敢心存二意或圖謀不軌者，崔琰就是最好的例子。

《三國演義》中，許劭對曹操的評價是：「治世之能臣，亂世之奸雄。」意思是說，曹操是一個能拋棄傳統規範的限制，以非常手段來應付亂局的能臣。

曹操二十歲就被舉爲孝廉，他的第一個正式官職是洛陽的北都尉。京城洛陽住著很多達官貴人，這些人目無王綱法紀，胡作非爲。剛剛上任的曹操，憑著熱情和氣魄，決心徹底整治一下洛陽城的治安。

他下令在城北區的四個城門懸掛特製的五色棒幾十根，嚴禁非法外出、遊蕩，違犯者，無論皇親國戚，一律嚴懲不貸。

第一個違犯法紀的是大宦官蹇碩的叔父，他深夜私自帶刀出城，被曹操抓到，曹操按律嚴厲處罰。當時，蹇碩的權勢如日中天，沒有人敢得罪他，但曹操卻不買他的帳，秉公執法。這件事使得洛陽城內官民震動，自此誰也不敢違犯禁令，洛陽城惡化的治安得到很大的改善。

曹操的這一手段就是「指桑罵槐」，發揮殺一儆百的作用。

曹操有令必行，按律辦事。不管對方是誰，一旦犯律便嚴懲不貸，越是皇親國戚越是重罰，以儆效尤。

後來，曹操做了漢丞相，位高權重，起初十分重用崔琰。後來有人在曹操面前說崔琰的壞話，曹操將崔琰貶爲平民，還派人監視他的言行。

有一天，監視者向曹操報告說崔琰有不服氣的神色。曹操說：「崔琰已經受了刑法，怎麼還對我的部下怒目而視，好像要怪罪他們似的。」不久便賜死崔琰。

很顯然，這件事曹操是做給百官看的，如果膽敢心存二意或圖謀不軌者，崔琰就是最好的例子。

劉備大義滅親拉攏人心

劉備大義滅親，既拉攏了人心，又嚴肅了軍紀，實在是一舉兩得，讓忠臣拼死效命，也對有不良心思的人敲敲警鐘，因此能夠贏得眾人的擁戴。

關羽被困麥城，廖化闖出重圍到上庸求救，上庸守將是劉封和孟達，劉封欲發兵相救，卻被孟達勸住了。

關羽遇害後，廖化深恨二人，劉備更是大怒，一定要捉二人問罪。孟達害怕，投降了魏國，諸葛亮想出了一個兩全齊美的辦法：派劉封進兵，去擒孟達，令二虎相鬥，不管劉封勝敗，必回成都，然後再行處理。

孟達在襄陽見劉封來攻打，派人送書信招降。

劉封見信大怒道：「賊人誤我叔侄之義，又離間我父子之親，使我為不忠不孝之人！」扯碎書信，斬其使者，引軍前來叫戰。

孟達得知劉封扯書斬使，頓時大怒，領兵出迎。劉封鬥不過孟達，又加上徐晃、夏侯尚左右夾擊，大敗而歸。

劉封回到了成都，面見劉備，大哭不止，細奏前事。劉備怒道：「你有何面目來見我！」

劉封哭著說道：「叔父之難，非兒不救，是因爲孟達諫阻。」

劉備更加憤怒：「你自己吃飯穿衣，非土木偶人，如何聽信讒賊所阻！」命左右推出斬首。

劉備殺了劉封後，聽說孟達寫信招降、劉封毀書斬使的事，心中很後悔。雖說劉封不是自己的親兒子，卻也是他主動收爲義子的。

其實，細細推敲，劉備這一驚人舉動，有一定的目的。他殺劉封，對關羽有個交代，對張飛有個交代，對自己有個交代，更對滿朝的文武百官有所交代。

滿朝的文武百官都盯著劉備，兄弟之義、父子之情，劉備如何處理這件事將直接影響他與滿朝文武百官的關係。劉備把劉封斬了，失去的是義子，得到的卻是滿朝文武的擁護。

劉封不去救關羽，致使關羽被殺，荊州丟失，這是一個重大的損失；劉備選擇以軍心爲重，斬了劉封。

劉備是梟雄，高明之處就在於此。他深知作爲一個領導者，自己的一言一行都是大家關注的焦點，會影響整個大局，所以要正軍紀，首先要正自己，對家人、對親近之人毫不心軟。

劉備大義滅親，既拉攏了人心，又嚴肅了軍紀，可謂既「指桑」又「罵槐」，實在是一舉兩得，讓忠臣拼死效命，也對有不良心思的人敲敲警鐘，因此能夠贏得衆人的擁戴。

【第27計】

假癡不癲

【原文】

寧偽作不知不為，不偽作假知妄為。靜不露機，雲雷屯也。

【注釋】

偽作：假裝、佯裝。

靜不露機：靜，平靜、沉靜。機，這裡指心機。

雲雷屯：語出《易經·屯卦》：「雲雷，屯，君子以經綸。」草茅穿土初出叫作「屯」。屯卦爲震下坎上，坎爲雨、爲雲，震爲雷，雲在雷上，說明茅草初出土時，即遇雷雨交加。屯卦有陰陽相爭不寧之象，更意味著事物生長十分艱難，所以說「屯，難也」。面臨這樣的艱難局面，必須冷靜處置，周密策劃，要「經綸運於一心而不動聲色」，要「盤桓安處於下而以屈求伸」，要因勢利導，待機而功，而不可「快意決往，遽求自定以爲功」。

【譯文】

寧可假裝糊塗而不採取行動，也絕不假冒聰明而輕舉妄動。要沉著冷靜，不洩漏任何心機，就像雷電在冬季蓄力待發一樣。

【計名探源】

民間俗語有「裝瘋賣傻」、「裝聾作啞」的說法，假癡不癲就是由此轉化而來，重點在「假」字。

這裡的「假」，意思是裝聾作啞，內心卻非常清醒。此計無論作爲政治謀略還是軍事謀略，都是高招。

假癡不癲之計用於政治謀略，就是韜晦之術，在形勢不利於自己時，表面上製造假象，隱藏內心的眞實意圖，以免引起政敵警覺，暗裡卻等待時機達成自己的目標。用在軍事上，指的是雖然自己具有一定的實力，但不露鋒芒，顯得軟弱可欺，藉此麻痹敵人，然後再乘機給敵人致命的打擊。

司馬懿假癡不癲，曹爽無知受騙

曹爽視政治鬥爭如兒戲，對比之下，司馬懿就顯得成熟老辣，一再巧妙地迷惑曹爽，關鍵時刻用計使曹爽徹底失去戒心，毫不留情地誅其全族。

在《三國演義》中，司馬懿是一個詭計多端、老謀深算的老狐狸。他躲過曹操的迫害，取得曹丕的信任，又在五丈原耗死諸葛亮，曹爽兄弟要對他下手時，他又用假癡不癲之計瞞過，終於大權在握，爲司馬氏代魏鋪平了道路。

魏明帝曹叡去世，曹芳即位，史稱魏少帝。魏明帝臨終前委託太尉司馬懿和大將軍曹爽共同輔佐朝政。少帝年幼，不能親理朝政，曹爽和司馬懿相互爭權奪勢。

司馬懿爲曹魏政權立過汗馬功勞，諸葛亮幾次伐魏都由他統兵拒敵，在朝中有很大的潛在勢力。

曹爽是皇親國戚，頗得魏明帝的寵信，在朝中也頗有權勢。開始時，二人共同執掌朝政，曹爽很敬重司馬懿，遇事多向他請教。後來曹爽逐漸獨攬大權，架空司馬懿，讓他掛職太傅，明升暗降。久而久之，爲了權力之爭，二人發展到水火難容的地步。

司馬懿老謀深算，深知曹爽大權在握，一時間難以抗衡，只好暗中蓄勢等待機會。爲了防範迫害，他稱病居家，對朝政不聞不問，並告誡兩個兒子安分守己，不可與人爭強鬥勝。

曹爽則氣焰更加囂張，排斥異己，安置親信，朝中大臣對他的專橫敢怒不敢言。曹爽惟一的顧忌就是司馬懿，命心腹河南尹李勝藉出任荊州刺史之機，以向司馬懿辭行爲由，前去探聽虛實。

司馬懿得知李勝來訪，對兩個兒子說：「這是曹爽派李勝以探病爲名，來探聽我的虛實啊！」故意摘去帽子，披散著頭髮，蓋著被子坐在床上，並讓兩個侍女服侍，做完這番準備才請李勝入府。

李勝來到司馬懿的床前，司馬懿正由侍女服侍更衣，只見司馬懿渾身顫抖，久久穿不上衣服。李勝說：「聽說太傅舊病復發，沒想到竟病成這樣，我被聖上委任為荊州刺史，今天是特來向您告辭的。」

司馬懿故意裝作有氣無力地說：「我恐怕活不了多久了，你調任并州後，要多加防範，不能讓胡人有進攻的機會啊！」

李勝說：「您聽錯了，我出任荊州，不是并州！」

司馬懿又問道：「你不是說并州嗎？」

李勝重複說：「是荊州，不是并州。」

司馬懿大笑說：「喔，你是從荊州來！」

李勝說：「太傅如何病成這樣？」

左右說：「太傅耳聾。」

李勝說：「取紙筆來。」

李勝把要去荊州寫在紙上遞給司馬懿，司馬懿看後笑著說：「我耳聾了，沒有聽清楚你的話。希望你此去保重。」說完，以手指口，意思口渴。待侍女捧上粥來，司馬懿以口去接，將粥弄翻，流了一身。

稍後，司馬懿又哽噎著說：「我們今後恐怕再難相見了，拜託你今後替我照顧兩個兒子。」

李勝回去後，將所見所聞告訴了曹爽。

曹爽說：「司馬懿不過是一具沒有斷氣的軀殼而已，如此我還有什麼顧慮呢？」從此對司馬懿消除戒心，不加防範。

不久，魏少帝曹芳前往洛陽南山拜謁魏明帝高平陵，曹爽和他的兩個弟弟及心腹一同隨行。

司馬懿見朝中空虛，時機已到，率兵闖進後宮，逼太后就範，以太后的名義發佈詔令閉鎖城門，發動兵變。司馬懿派司馬師、司馬昭統領數千禁軍，佔領城中要害，解除曹爽的兵權。城中控制後，司馬懿又派出使者勸降曹爽，並向他保證只要交出兵權，絕不傷害他的性命。

曹爽部下力勸曹爽調兵平叛，曹爽猶豫再三，最後投降。

沒過多久，司馬懿以曹爽大逆不道、圖謀篡位的罪名將他誅殺。

這場爲期數年的權力之爭，最終以曹爽失敗告終。曹爽失敗的致命原因是缺乏鬥爭經驗，緊要關頭不能痛下決斷，看不清對方的眞正用意。

既然已經架空司馬懿，就應該找藉口將其父子三人殺掉，以絕後患。因爲政治軍事鬥爭容不得半點含糊。曹爽本來有機會殺掉司馬氏父子，但遲遲不肯動手，養虎為患，後果必然不堪設想。

曹爽在關鍵時刻頭腦不夠清晰，看不清事實眞相。司馬懿佔據都城之時，大司農桓範趁亂帶著大司馬印信逃出城外，找到曹爽，讓他保護天子移駕許都，然後召集兵馬討伐司馬懿。

如果眞是這樣，司馬懿就危險了。因為天子在曹爽這邊，又有大司馬印信在手，憑此印可以調動天下兵馬，但曹爽卻猶豫不決。正如桓範所言：「曹子丹以智謀自矜，今日一看眞是豬狗不如！」

曹爽視政治鬥爭如兒戲，心存妄想，最後全族成為刀下之鬼。

對比之下，司馬懿就顯得成熟老辣，一再巧妙地迷惑曹爽，關鍵時刻用計使曹爽徹底失去戒心，一舉將他捕獲，毫不留情地誅其全族。

由此可見，優柔寡斷是為政者的大忌，當斷則斷才怎能成就霸業。

【第28計】

上屋抽梯

【原文】

假之以便，唆之以前，斷其應援，陷之死地。遇毒，位不當也。

【注釋】

假之以便：假，假給。便，便利。

唆之以前：唆，唆使，這裡引伸爲誘使。

死地：古代兵法用語，指進則無路，退亦不能，非經死戰難以生存之地。

遇毒，位不當也：語出《易經．噬嗑卦》。噬嗑卦爲震下離上。震爲雷，離爲火、爲電。雷電交加，有威猛險惡之象。又，噬嗑卦爲以柔居剛，故不當位，更顯形勢嚴峻。噬嗑的本意爲食乾肉，「乾肉雖小而堅，不易噬者也。強欲食之，則不聽命而必相害」。運用於軍事上就是，因貪圖小利而盲目進軍是有很大的危險的，如果硬要強行進軍，必將陷於危險的死地。

【譯文】

故意露出破綻，給敵人提供方便條件，誘使敵人深入我方陣地，然後切斷其前應與後援，使其陷入絕地。敵人急功圖利，必遭禍患。

【計名探源】

此計用在軍事上，是指利用小利益引誘敵人上當，然後截斷敵人的後路，以便將敵人圍殲的謀略。

敵人一般不是那麼容易上鉤的，所以使用誘敵之法時，應該先安放好「梯子」，故意給對方方便。等敵人「上樓」，即可拆掉「梯子」，圍殲敵人。

要如何安放梯子，很有學問。對貪婪之敵，用利誘之；對驕傲之敵，則以示我方之弱來迷惑對方；對莽撞無謀之敵，則設下埋伏，使其中計。

總之，要根據情況靈活運用，誘敵中計。

《孫子兵法》中最早出現「去梯」之說。《九地篇》說：「帥與之期，如登高而去其梯。」意思是把自己的隊伍置於死地，進則生，退則亡，迫使士卒同敵人決一死戰。

如果將這兩層意思結合起來運用，一定能取得事半功倍的效果。

劉琦上屋抽梯，諸葛亮授計避禍

在軍事上，上屋抽梯與調虎離山差不多，都是誘敵深入，然後再斷其歸路一舉殲滅。劉備教劉琦的上屋抽梯之計，並不是殺敵之法，而是免禍之策。

劉備被曹操追趕，寄居在荊州劉表處，後來經徐庶推薦，三顧草廬請出諸葛亮。劉備待諸葛亮如師，食則同桌，寢則同榻，每日與其談論國家大事。

一天，劉備與諸葛亮正在館驛商議事情，劉表的長子劉琦突然來訪。劉備趕緊迎接，劉琦哭拜於地說：「繼母不能相容，我的性命危在旦夕，希望叔叔可憐並幫助我。」

劉備說：「這是賢侄的家事，爲什麼要問我？」

諸葛亮只是在一旁微笑。劉備向諸葛亮請教良策，諸葛亮說：「這是家事，我不敢過問。」

一會兒，劉琦出館驛，劉備相送出，附耳低聲說道：「明日我讓諸葛亮回拜賢侄，你可如此如此，他自會有良策告訴你。」

劉琦連連稱謝而去。

第二天，劉備推說自己肚子疼，請求諸葛亮代他去回拜劉琦。諸葛亮答應，來到劉琦門前下馬。劉琦邀請諸葛亮到後堂，喝完茶後，劉琦說：「劉琦得不到繼母相容，請先生出一計策救救我吧。」

諸葛亮卻說：「我客居此地，怎麼敢參與別人骨肉親情的事呢？這事不是我能謀劃的。」說完，便要起身告辭。

劉琦說：「先生不說也就算了，爲何急著走呢？」

諸葛亮便又坐下了。

劉琦說：「我有一本古書，想請先生看看。」說著，帶諸葛亮登上一小樓。

諸葛亮問：「書在何處？」

劉琦哭拜道：「繼母容不下我，我命危在旦夕，先生能忍心不相救嗎？」

諸葛亮想下樓，只見梯子已被撤去。

劉琦對他說：「我想向先生求教良策，先生擔心洩漏不肯說。現在上不著天，下不著地，出先生之口，入琦之耳，總可以賜教了吧？」

諸葛亮說：「疏不間親，我怎麼能爲您出謀劃策呢？」

劉琦說：「我命本來就保不住了，如果先生還是不肯賜教於我，我立即死在先生面前。」說罷抽出寶劍作勢自刎。

諸葛亮連忙制止，並說：「我已經想出辦法了。」

劉琦跪拜道：「願馬上聽到您的教誨。」

諸葛亮便給劉琦講了個故事：春秋時期，驪姬想謀害晉獻公的兩個兒子申生和重耳，重耳知道驪姬居心險惡，只得逃亡國外。申生爲人厚道，力盡孝心，侍奉父王，最後遭到陷害，落得自刎身亡。

諸葛亮對劉琦說：「申生在內而亡，重耳在外而安。現今黃祖剛剛死去，江夏無人防守，公子爲何不自請去江夏防守呢？這樣便可以躲避災禍了。」

劉琦再次拜謝諸葛亮賜教之恩，命人取來梯子送諸葛亮下樓。

諸葛亮告辭，回去見到劉備，詳細地講明經過，劉備十分高興。

第二天，劉琦依諸葛亮之計向父親請命，想去江夏屯守，劉表應允。於是，劉琦帶三千兵馬前往江夏鎮守，躲過了蔡夫人的迫害。

在軍事上，上屋抽梯與調虎離山差不多，都是誘敵深入，然後再斷其歸路一舉殲滅。劉備教劉琦的上屋抽梯之計，並不是殺敵之法，而是免禍之策。

第一，劉琦把諸葛亮引上閣樓，使諸葛亮無法脫身。

第二，劉琦打消了諸葛亮的後顧之憂。因為，諸葛亮與劉備寄居劉表這裡，蔡夫人耳目眾多，萬一不慎走漏消息，兩人都有性命之憂。閣樓之上授計，沒有第三者聽見。

當然，用計還要看對象，劉備熟知諸葛亮的為人，而且相信他能想出計策，所以教劉琦上屋抽梯之計。

此計用在此處沒有攻打殺伐的血腥，顯得平和睿智，極富新意。

【第29計】

樹上開花

【原文】

借局佈勢，力小勢大。鴻漸於陸，其羽可用為儀也。

【注釋】

借局佈勢：局，局詐。勢，陣勢。句意爲：借助某種局詐的方法，布成一定的陣勢。

力小勢大：力，力量，這裡是指軍隊的兵力。勢，這裡是指的聲勢。句意爲：兵力小而聲勢卻造得很大。

鴻漸於陸，其羽可用為儀：此語出自《易經．漸卦》上九爻辭：「鴻漸於陸，其羽可用爲儀也，吉。」漸卦爲艮下巽上，艮爲山，巽爲風、爲木。這裡的鴻是指大雁，漸是指漸進。陸與「逵」通，這裡是指天際的雲路，羽是指鴻雁美麗的羽毛，儀是指效法。全句意爲：大雁在高空的雲路上漸漸飛行，美麗豐滿的羽毛，使牠更顯得雄姿煥發，值得效法。運用於軍事上，就是以「樹上開花」計使本來實力弱小的軍隊顯得聲勢浩大。

【譯文】

借助佈局形成有利的陣勢，兵力雖少，但氣勢頗大，就像鴻雁在高空飛翔，全憑其豐滿的羽翼助成氣勢。

【計名探源】

樹上開花，是指樹上本來沒有開花，但可以用綢緞、彩紙等剪成花朵黏貼在樹上，有如眞花一樣，不仔細去看，眞假難辨。

此計用在軍事上，指的是，如果自己的力量較弱，可以借外在的局勢或某些種因素製造假象，使自己的氣勢顯得強大。樹上開花之計強調，在戰爭中要善於借助各種因素來爲自己壯大聲勢。

《孫子兵法．地形篇》說：「故知兵者，動而不迷，舉而不窮。」

眞正善於用兵作戰的將帥，總是保持清醒的頭腦，從不因爲對手的行動而迷惑，相反的，會讓自己的戰術變化無窮，使敵人難以捉摸。如果敵人不知道你的眞正意圖，那麼，只要略施小計，就能達成自己的目的。

曹操虛張聲勢，呂布落荒而逃

曹操殺入定陶，張超自刎，張邈投袁術去了。自此，山東一帶全被曹操佔領。將在謀而不在勇，呂布雖勇，不敵曹操之智，還是被曹操打敗了。

樹上開花之計的具體表現爲虛實相生，虛則實之，實則虛之，用假象來迷惑敵人，而隱藏眞相。曹操平定濮陽，就是用此計嚇跑呂布。

呂布趁曹操攻打徐州之機，聯合張邈、張超兄弟攻佔兗州。曹操回師平定了汝南和潁川，但呂布盤踞在濮陽，程昱建議趁機進兵。

曹操命許褚、典韋爲先鋒，夏侯惇、夏侯淵在左，李典、樂進在右，曹操親率中軍，于禁、呂虔在後，兵至濮陽。

呂布見曹操親統大軍攻來，想親自迎敵，謀士陳宮勸道：「將軍此時不可以出戰，等到衆將會合後再戰。」

呂布卻說：「我曾怕過誰？」不聽陳宮勸告，帶兵出戰。

曹操派許褚出戰，兩人鬥了二十回合，不分勝敗。曹操又派典韋、夏侯惇、夏侯淵、李典、樂進六員大將共戰呂布，呂布抵擋不住，撥馬奔回城去。不料，城中富戶田氏早已投降了曹操，見呂布大敗，急忙關閉城門。

呂布大罵不止，率衆向定陶奔去，曹操得了濮陽。

謀士劉曄說：「呂布是隻老虎，既已困乏，不能讓他喘息。」

於是，曹操命人守濮陽，自己帶兵趕往定陶追擒呂布。

呂布與張邈、張超在城中，高順、張遼、臧霸、侯成等大將外出打糧還沒回來。

曹操圍住定陶並不討戰，離城四十里下寨。

此時，正趕上當地麥熟，曹操命士兵割麥爲食。呂布聞知，帶軍隊趕來，靠近曹寨時，見左邊樹林茂盛，恐有伏兵，又帶兵回去了。

曹操知道呂布的軍隊回去了，便對部下說：「呂布懷疑林中埋伏人馬，可用『樹上開花』之計，在林中多插旌旗，使他心裡生疑。寨西一帶有長堤，裡面沒水，可以埋伏大量精兵。明日呂布必然來燒林子，堤中的精兵突然殺出，斷他的後路，必能擒住呂布。」

曹操派兵完畢，只留五十人在寨中擂鼓，從村中趕來男女在寨中吶喊。

呂布要去劫寨燒林，陳宮說：「曹操詭計多端，不可輕往。」

呂布說：「我用火攻，可以破伏兵。」於是，留陳宮、高順守城。

呂布親率大軍殺來，遠遠地見樹林中旌旗飄擺，便驅兵直入，四面放火，不料竟無一人；想去劫寨，又聽寨中鼓聲大震。呂布知道上當，正在疑惑，忽然寨後衝出一支人馬，隨即炮聲四起，堤內伏兵衝出，夏侯惇、夏侯淵、許褚、典韋、李典、樂進一齊殺來，呂布落荒而逃，敗回定陶。

陳宮說：「空城難守，不如急走。」於是跟高順保著呂布家小，丟了定陶。

曹操殺入定陶，張超自刎，張邈投奔袁術去了，自此山東一帶全被曹操佔領。

由此可見，將在謀而不在勇，呂布雖勇，不敵曹操之智，還是被曹操打敗了。

當陽橋頭，張飛巧用疑兵計

張飛之所以能喝退曹軍，關鍵還是在於樹上開花之計起了決定作用。如果曹軍不是怕中了埋伏，恐怕再有十個張飛也擋不住百萬曹軍。

劉表死後，劉備在荊州勢單力孤。

這時，曹操率領大軍南下，劉備慌忙率荊州軍民退守江陵。由於跟著撤退的百姓太多，撤退的速度非常慢。

最後，劉備在當陽被曹軍追上，時值秋末冬初，涼風透骨，約四更天時，只聽見西北喊聲震地而來。

劉備大驚，急上馬引本部精兵二千餘人迎敵，但曹兵勢不可擋。劉備死戰，正在危急時刻，張飛引軍殺來，衝開一條血路，救劉備望東而走。

張飛保著劉備，且戰且退。一直到天光放亮之後，喊殺聲漸漸遠去，劉備才得以喘歇。正悽惶之時，忽然看見糜芳身帶數箭，踉蹌而來，並說：「趙子龍投奔曹操去了！」

劉備斥責說：「子龍是我故交，怎麼會反叛呢？」

張飛說：「他今見兄長勢窮力盡，投奔曹操，求富貴去了！」

劉備說：「子龍在我患難時就跟著我，心如鐵石，並不是富貴能動搖的。」

糜芳說：「我親見他投西北去了。」

張飛說：「我親自去尋找他。如若撞見，一槍刺死！」

劉備說：「千萬不要弄錯了，不記得當年你二哥斬顏良、誅文醜的事了？子龍此去，一定有原因。我料定子龍一定不會背棄我的。」

張飛引二十餘騎兵，奔長阪橋而來。見橋東有一片樹林，張飛心生一計，令所率的二十餘騎兵砍下樹枝，拴在馬尾上，在樹林內往來奔跑，衝起塵土，讓曹軍誤認爲樹林內埋伏大軍。張飛自己橫矛立馬於橋上，向西而望。

劉備這一仗敗得很狼狽，妻子和兒子都在亂軍中被衝散了。趙雲在亂軍中尋找劉備的妻兒，自四更時分與曹軍廝殺，往來衝突，殺到天明。這番廝殺，趙雲七進七出，殺得血滿征袍，總算找到了糜夫人和阿斗。懷抱著阿斗望長阪橋而走，只聞後面喊聲大震，原來文聘引軍趕來。

趙雲到得橋邊，人困馬乏，見張飛挺矛立馬於橋頭，大呼：「翼德幫我！」張飛說：「子龍速行，我來抵擋追兵。」

文聘引軍追趙雲至長阪橋，見張飛倒豎虎鬚，圓睜環眼，手提蛇矛立馬橋上，又見橋東樹林之後塵土飛揚，懷疑林內有伏兵，便勒住馬，不敢近前。

一會兒，曹仁、李典、夏侯惇、夏侯淵、樂進、張遼、張郃、許褚等都追到了長阪橋。見張飛怒目橫矛，立馬於橋上，衆將恐怕中了諸葛亮之計，都不敢近前，派人飛報曹操。

曹操聞知，急急從陣後趕來。張飛隱隱見到後軍青羅傘蓋、旄鉞旌旗來到，知是曹操親自來看，便大聲喝道：「我乃燕人張翼德！誰敢與我決一死戰？」聲如巨雷，曹軍聞之，盡皆股慄。

曹操回顧左右說：「我曾聽關羽說過，張飛於百萬軍中，取上將之首，如探囊取物。今日相逢，不可輕敵。」

話未說完，張飛又大喝道：「燕人張翼德在此！誰敢來決一死戰？」

曹操見張飛如此氣概，已有退心。張飛見曹操後軍陣腳移動，又挺矛大喝道：「戰又不戰，退又不退，卻是何故！」喊聲未絕，曹操身邊的夏侯傑驚得肝膽碎裂，倒於馬下。曹操回馬便走，諸將一齊向西而退。

張飛之所以能喝退曹軍，與他個人的勇猛善戰固然有關，但關鍵還是在於樹上開花之計起了決定作用。

如果曹軍不是怕中了埋伏，恐怕再有十個張飛也擋不住百萬曹軍。

【第30計】

反客為主

【原文】

乘隙插足，扼其主機，漸之進也。

【注釋】

主機：主要的關鍵之處，即首腦機關。

漸之進也：語出《易經．漸卦》：「漸之進也，女歸吉也，進得位，往有功也」。按《易經增注．下經．漸》的解釋：「天下事動而躁則邪，靜而順則正，漸則進而得乎貴位，故行有功」。意思是說：天下的事情，凡是行動盲目而急躁，就會走入邪途，凡是冷靜而順乎客觀規律，就會登上正道；一步一步地循序漸進達到顯要的地位，便會行而有功。

【譯文】

抓著對方的空隙，看準時機插足進去，設法控制敵人的要害或關鍵之處，這是循序漸進的結果。

【計名探源】

杜牧注《孫子兵法》說：「我爲主，敵爲客，則絕其糧道，守其歸路。若我爲客，敵爲主，則攻其君主。」

反客爲主，用在軍事上，是指在戰爭中，要努力變被動爲主動，儘量想辦法鑽別人的漏洞，插腳進去，控制他的首腦機關或者要害部門，抓住有利時機，兼併或者控制對方。

《孫子兵法．九變篇》中論及利害時強調：「是故屈諸侯者以害，役諸侯者以業，趨諸侯者以利。」

意思是說，要迫使別人屈服，就要用他們最害怕、最忌諱的手段去擾亂和威脅；相反的，要使別人爲自己做事，就要用利益加以引誘。

使用本計，往往是借援助他人的機會，以便自己先站穩腳跟，步步爲營，想方設法取而代之。

逢紀獻計，袁紹占奪冀州

逢紀以反客為主之計為袁紹謀得了冀州，開啟了稱雄之路。袁紹本是平庸之輩，但手下多忠勇謀略之士為其效命，因此在天下大亂初期能獨霸一方。

在《三國演義》中，十八路諸侯聯合討伐董卓，然而各路諸侯各懷鬼胎，終致分崩離析。

十八路諸侯盟主袁紹屯兵河內，缺少糧草，冀州牧韓馥派人送來錢糧以供軍用。謀士逢紀勸袁紹道：「大丈夫縱橫天下，爲什麼要等著別人送糧食！冀州是錢糧豐盈的富裕之地，將軍爲什麼不奪下冀州？」

逢紀又獻策說：「將軍可以暗地派人給公孫瓚送信，讓他進兵攻取冀州，我軍夾攻。韓馥是軟弱無能之輩，一定會請將軍掌管冀州事，抵抗公孫瓚。您可以乘機奪取冀州，這樣冀州豈不唾手可得？」

袁紹非常高興，馬上寫信給公孫瓚鼓吹奪取冀州之事。公孫瓚見袁紹願與他共同奪取冀州，然後平分地盤，十分高興，立即興兵攻打冀州。

袁紹又秘密派人報告韓馥，說公孫瓚興兵進攻冀州。韓馥慌忙召集荀諶、辛評兩位謀士商議。

荀諶說：「公孫瓚率領燕、代兩地將士長驅而來，氣勢難以抵擋，何況還有劉備、關羽、張飛幫助，更是難以對付。現今，袁紹智勇過人，手下名將衆多，將軍何不請他一同抵抗公孫瓚？他一定會盡心幫助將軍，如此就不怕公孫瓚了。」

韓馥馬上要派別駕關純去請袁紹。

長史耿武進諫道：「袁紹是孤客窮軍，完全依靠我們支援，就好像嬰兒在股掌之上，如果停止哺乳，馬上便會餓死。爲什麼要把冀州的事委託給他？這麼做是引狼入室！」

韓馥卻說：「我是袁家的故吏，才能又不如袁紹。古人都能擇賢讓位，你們爲什麼嫉妒呢？」

耿武歎息道：「冀州一定不保了！」

為了保住冀州，耿武與關純埋伏在城外，專等袁紹到來。

沒過幾天，袁紹來到冀州城下，耿武、關純拔刀想要刺殺袁紹，袁紹的大將顏良斬了耿武，文醜砍死關純。袁紹進入冀州城，任命韓馥為奮威將軍，用田豐、沮授、許攸、逄紀分別掌管冀州諸事，奪走了韓馥的權力。韓馥後悔不迭，於是丟下家小，隻身一人投奔陳留太守張邈去了。

逄紀以反客為主之計為袁紹謀得了冀州，開啓了稱雄之路。袁紹本是平庸之輩，但手下多忠勇謀略之士為其效命，因此在天下大亂初期能獨霸一方。

陶謙讓徐州，劉備反客為主

劉備調來小沛的所有人馬進駐徐州，同時安排陶謙的喪事，大小軍士全都掛孝，把陶謙安葬在黃河之原，又把陶謙遺表申奏朝廷。

三足鼎立的局面未形成之前，劉備是孫權、曹操三人中勢力最弱的，既缺兵少將，又無地盤，靠著仁厚之名周旋、流離於各個諸侯之間。

曹操在兗州立足後，便派人去接老父及全家，路過徐州時，徐州牧陶謙殷勤款待，臨別時多贈金銀，並派部將張闓護送出州界。

哪知張闓見財起意，殺了曹嵩全家，曹操聞報哭得昏倒在地。左右連忙救起，曹操咬牙切齒地說：「陶謙縱兵殺了老父，這仇不共戴天！我要發兵血洗徐州，才能報此深仇大恨！」

於是，曹操留荀彧、程昱領三萬人馬守鄄城、范縣、東阿三縣，自己帶領大隊人馬殺奔徐州。

陶謙在徐州聽說曹操起軍殺奔徐州而來，急忙召集眾人商議退兵之策。糜竺說：「我去北海郡求孔融出兵救援，您再派一人到青州田楷處求救。有了這兩處人馬相助，必然能殺退曹兵了。」

糜竺一到北海郡，正趕上黃巾軍圍困北海，孔融派太史慈星夜去向劉備求救。劉備與關羽、張飛率兵至北海殺退黃巾軍，孔融請劉備入城，大設筵席慶賀。酒席中，糜竺詳細講述了張闓殺害曹嵩之事，並說：「如今曹操率大軍圍住徐州，特來求救。」

劉備說：「陶謙是仁義君子，沒想到卻受這無辜的冤枉。」

孔融請劉備和自己一起去解徐州之圍，於是，劉備從公孫瓚處借了趙雲和二千人馬趕奔徐州。

來到徐州城外，劉備留下關羽、趙雲協助孔融，自己帶著張飛殺透重圍，到了城下。陶謙在城上望見劉備的旗號，急令開門。

陶謙見劉備氣宇軒昂，言語豪爽，豁達有志，心中大喜，便命糜竺取出徐州官印交給劉備。

劉備不解地問：「您這是什麼意思？」

陶謙說：「如今天下大亂，王綱難振，您是漢室宗親，正應該大展宏圖，報效國家。我已年邁無能，願把徐州讓給您，請不要推辭。」

劉備拜謝說：「劉備雖然是漢室宗親，但功德微薄，做平原相還怕不稱職。今天來相助是爲了伸張正義。您說這話，是不是懷疑我有吞併之心呀？我如有這樣的想法，上天都會怪罪我！」

陶謙再三相讓，劉備始終不肯接受。糜竺說：「現在兵臨城下，暫且先商議退兵之策，等曹兵退卻之後，再相讓也不遲。」

劉備說：「容我先給曹操寫封信，講明事實眞相，勸他息兵。如果曹操不答應，再跟他廝殺。」

劉備修書一封，派人給曹操送去。曹操看過來信，大怒道：「劉備不知深淺，也敢寫信勸我？況且字裡行間還有諷刺之意，我絕不善罷干休。」這時恰好呂布兵犯濮陽，曹操接到急報後，不得已賣了個人情給劉備，拔寨退去了。

陶謙一見曹兵已退，便派人請孔融、田楷、關羽、趙雲等進徐州赴宴，陶謙請劉備上座，然後對衆人說：「老夫年邁，兩個兒子又才智平庸，不堪國家重任。劉皇叔是皇室宗親，又德高望重，定能管理徐州。我願休閒養病，讓出徐州。」

劉備說：「孔文舉讓我來救徐州，是爲了伸張正義，如果據爲己有，必將被天下人恥笑，說我是不義之人。」

糜竺說：「現在刀兵四起，漢室頹廢，朝綱不振，正是大丈夫建功立業之時。徐州殷富，戶口百萬，劉皇叔接過徐州，也好大幹一番事業，請不要推辭了。」

劉備說：「此事萬萬不能從命，袁術四世三公，海內皆知，他就在附近的壽春，還是讓他來管理徐州吧。」

孔融卻說：「袁術並非豪傑，如墳中的枯骨，不値一提！今天的事，是上天賜予皇叔的，如再推辭將悔之不及。」

陶謙再三相讓，劉備還是不接受。

陶謙說：「如皇叔不肯接管徐州，徐州制下有個小縣，名叫小沛，可以屯軍。請皇叔暫駐此縣，還可以保護徐州，如何？」

衆人勸劉備，劉備這才答應，與關羽、張飛帶領本部人馬來到小沛修整城牆，安慰百姓，沛駐紮下來。

陶謙病勢漸漸沉重，於是請糜竺、陳登議事，糜竺建議請劉備前來主政。

陶謙派人到小沛請劉備。劉備帶著關羽、張飛來到徐州，向陶謙問安。陶謙說：「請皇叔來不爲別的事，只因爲我病體沉重，恐怕朝夕難保，希望您以漢家城池爲重，接受徐州，老夫我死也瞑目了！」

劉備說：「您有兩個兒子，爲什麼不讓他們來接管徐州？」

陶謙說：「我的兩個兒子才能平庸，擔當不了重任。老夫死後，還希望皇叔教誨，千萬不要讓他們掌管州中之事。」

劉備說：「我如何擔當這個重任呢？」

劉備始終不肯接受，最後陶謙以手指心而死。

衆人哀悼完畢，便捧徐州印綬交給劉備，劉備堅決不受。衆人及關羽、張飛二人再三相勸，劉備才答應暫且接管。

於是，劉備調來小沛的所有人馬進駐徐州，同時安排陶謙的喪事，大小軍士全都掛孝，把陶謙安葬在黃河之原，又把陶謙遺表申奏朝廷。

敗戰計

【第31計】

美人計

【原文】

兵強者，攻其將；將智者，伐其情。將弱兵頹，其勢自萎。「利用禦寇，順相保也。」

【注釋】

將智者：將智者，指足智多謀的將帥。

伐其情：即從感情上加以進攻、軟化，抓住敵方思想意志的弱點加以攻擊。《六韜．文伐》中就主張以亂臣、美女、犬馬等手段攻其心，摧毀其意志。

利用禦寇，順相保也：語見《易經．漸卦》。禦，抵禦。寇，敵人。順，順利、順勢。保，保存。全句意思爲：此計可用來瓦解敵人，順利保存自己。

【譯文】

如果敵軍強大，就設法對付他的將領；對付足智多謀的將領，就要設法動搖他的意志。敵人將領鬥志衰退，兵卒士氣低落，戰鬥力就會喪失殆盡。充分利用敵人弱點進行控制和分化瓦解，就可以保存自己，扭轉局勢。

【計名探源】

美人計，語出《六韜．文伐》：「養其亂臣以迷之，進美女淫聲以惑之。」

意思是，對於實力強大的敵方，要使用「糖衣炮彈」，先瓦解將帥的意志，使其內部喪失戰鬥力，然後再行攻取。對兵力強大的敵人，要制服對方將帥；對於足智多謀的將帥，要設法腐蝕。如果將帥鬥志衰退，那麼士卒肯定士氣消沉，失去作戰能力。只要利用多種手段，攻擊對方弱點，我方就得以保存實力，由弱變強。

中國古代，每當在政治、軍事鬥爭處於劣勢乃至於絕境時，便將女人作爲撒手鐧拋出。美人計早在春秋戰國時就出現，在吳越爭雄中，浣紗女西施被勾踐送到吳國，用來迷惑吳王夫差。

當時，吳國強大，越國難以靠武力取勝，大夫文種向越王獻上一計：「高飛之鳥，死於美食；深泉之魚，死於芳餌。要想復國雪恥，應投其所好，衰其鬥志，這樣可置夫差於死地。」

西施就在這種情況下被送到吳國，最終越王由文種和范蠡幫助，滅掉了吳國。

王允獻貂蟬，呂布弒董卓

面對權勢無邊的董卓，王允正確地利用了他荒淫貪欲的弱點，以此作為突破口，最終達到了目的。這就是《三國演義》中最膾炙人口的「美人計」！

《三國演義》中，風華絕代的美女貂蟬，原本只是王允家中的一名歌妓，然而，她的命運卻和朝中大臣的爭鬥聯繫在一起，她的美貌成了王允分化離間董卓與呂布的法寶。

西元一八九年，董卓率兵進入了洛陽，廢掉漢少帝，立獻帝，獨攬朝中大權。董卓殘暴專橫，朝臣們生命朝不保夕，無不對他恨之入骨。

董卓看出司隸校尉丁原是他專權的障礙，收買了丁原的部將呂布，將丁原殺死。從此，董卓權傾朝野，為所欲為。

司徒王允見董卓如此驕橫跋扈，濫施殺戮，且有篡位之野心，憂心如焚，但苦於沒有良策除掉他，一直心情不暢。

一天晚上，王允獨自在後花園中散步，忽聞花叢後有輕微的歎息聲，輕步上前一看，原來是養女貂蟬在歎息流淚。

貂蟬從小選入府中，年紀剛滿十六歲，色藝俱佳，王允以親女看待。貂婢看王允來到近前，匆忙起身拜見。王允問道：「是什麼事這樣傷心，夜深人靜在這裡歎息？」

貂蟬回答說：「這些年來您一直待我如親生女兒，我總想著能有機會為您效力。近來看到您心事重重，又不敢動問，只好在夜晚向上天祈禱，為您分憂。」

一番話聽得王允十分驚訝，萬沒想到平日只會跳舞彈琴的貂蟬，竟然暗自替自己分憂。看著立在跟前貌若天仙的貂蟬，忽地計上心來，於是問道：「妳心裡真是這樣想的嗎？」

貂蟬見王允略有猶豫的意思，發急地說：「只要能為您分憂解難，我就是粉身碎骨也在所不辭！」

王允扶起貂蟬，帶著貂蟬來到內室，掩好門窗，然後說：「董卓專權亂政，權傾朝野，恐怕漢室江山要為他篡奪。要保住漢室江山，惟一的辦法就是儘快除掉董卓，這件事只有靠妳了。」

貂蟬聽了不由一愣，「大人何出此言？」

王允試探地問：「有個重任想授予妳，不知妳肯不肯去完成？」

貂蟬不假思索答道：「想妾蒙大人提攜，以親女相待，此恩雖粉身碎骨亦難報於萬一，若有用我之處，萬死不辭！」

「好，不愧為奇女子！」王允扶貂蟬上座，叩頭便拜，淚流滿面地說：「今百姓有倒懸之苦，君臣有壘卵之虞，非妳無法拯救。賊臣董卓把持朝政，將欲篡位，他有一義子呂布，驍勇非常。我看此二人皆是好色之徒，今欲使用美人計，以妳為餌，使他們翻臉，叫呂布殺了董卓，這樣便可以挽救江山，不知妳意下如何？」

貂蟬答：「我既答應大人，萬死不辭，永不後悔！」

於是，王允授意貂蟬對付董卓之計。

時過不久，呂布在府中宴請賓客，王允藉機送去許多珍貴之物，呂布也親去王府回拜。

此後，王允常常請呂布到家中飲酒聊天。有一天，呂布又到王府飲宴，酒至半酣，王允命貂蟬前來獻酒。經過刻意妝扮的貂彈，容貌艷麗，楚楚動人，呂布一見不由得兩眼發直，問道：「小姐是貴府什麼人？」

王允漫不經意地回答說：「是小女貂蟬。」隨後便讓貂蟬爲呂布敬酒，坐到他身邊。

過了一會，王允指著貂蟬對呂布說：「將軍，你是我最崇拜的英雄，我想將小女送予將軍，來個親上加親，不如將軍肯賞臉否？」

呂布喜出望外，即刻離座作揖拜謝，「若得如此，布當效犬馬之勞。」隨即跪下叩頭，「岳父大人在上，請受小婿一拜。」

王允答禮，親自扶起呂布說道：「待我選個吉日良辰，便送小女到府上。」

第二天，散朝後，王允邀請董卓到府上宴飲，董卓很痛快地答應了，在侍衛簇擁下，來到了王允的府邸。王允以隆重的禮節歡迎董卓，然後擺上酒席，分賓主落座，邊飲酒邊交談，氣氛十分融洽。

不久，音樂聲徐徐響起，伴隨著樂曲走出一隊歌女，個個長得國色天香，婀娜多姿。忽然珠簾一啓，衆女簇擁出一位絕色美人，向董卓深深一拜，逗得董卓如中風一樣渾身不能動彈，急問：「此女是何人？」

王允答：「歌妓貂蟬。」說罷便叫貂蟬展玉喉。

貂蟬歌唱一曲，董卓聽後連聲稱妙。貂蟬唱罷，向董卓敬酒時，王允乘機說：「允欲將此女獻予太師，未知肯納否？」

董卓恨不得如此，即答：「如此見惠，何以報答？」

王允道：「說什麼報答呢，太師肯接納此女，就是給老夫臉面了！」立即命人備車，先將貂蟬送到太師府去。

董卓哪裡還坐得住，連忙起身告辭，王允又親送董卓直到相府才返回。

在王允刻意操弄下，呂布滿腹憤怒，爲了爭奪貂蟬與董卓反目成仇。某次和王允密商時，呂布暴跳起來說：「誓殺此老賊，雪吾心頭之恨。」

王允急掩呂布口說：「將軍勿言，恐累及老夫。」

呂布說：「大丈夫生於天地間，豈能久居人下！」

王允說：「說得也是，以將軍之才，誠非董太師所能限制的。」

呂布忽又沉下氣來，自言自語說：「我殺此老賊，誠易如反掌，無奈我是他的兒子，以子殺父，怕被人議論。」

王允微笑說：「將軍自姓呂，太師自姓董，擲戟之時，豈有父子之情！」

呂布豁然開懷說：「吾意已決，不殺此老賊誓不為人！」

王允見呂布意志堅決了，乃言及董卓奪權篡國陰謀，曉以建功立業大勢，說得呂布頻頻點頭。隨後，兩人歃血盟誓，同心協力為國除奸。

一天，漢獻帝在未央宮會見大臣。董卓上朝時，為了提防暗算，在朝服裡穿上鐵甲，在乘車進宮的大路兩旁，衛兵密密麻麻排成一條夾道，還叫呂布帶著長矛在他身後保衛著。

經過一番安排，董卓認為萬無一失了。哪知道王允和呂布早已暗中密謀，派了幾個心腹勇士扮作衛士混在隊伍裡，在宮門口守著。

董卓座車一進宮門就有人拿戟向董卓胸口刺去，但是戟扎在董卓胸前鐵甲上，刺不進去。董卓用胳膊一擋，被戟刺傷了手臂，忍著痛跳下車，叫著說：「吾兒奉先在哪兒？」

呂布從車後站出來說：「奉皇上詔書，討伐賊臣董卓！」說完，舉起長矛，一下子戳穿了董卓的喉頭。兵士們擁上去，把董卓的頭砍了下來。

面對權勢無邊的董卓，王允正確地利用了他荒淫貪欲的弱點，以此作為突破口，最終達到了目的。這就是《三國演義》中最膾炙人口的「美人計」！

趙範有意贈美人，趙雲無心貪美色

美人計雖然有很強的殺傷力，並不是每次都能奏效，這次就失靈了。趙雲不為美色所動，看來，用美人計要分對誰，並不是對每個人都靈驗。

《三國演義》中，還有一處用過美人計，不過這次美人計沒有生效，碰到了坐懷不亂的趙雲。

趙雲奉劉備之命率兵攻打桂陽，桂陽太守趙範急忙召集眾將商議對策。管軍校尉陳應、鮑隆自願領兵出戰，二人自恃勇力，對趙範說：「太守不必擔心，我二人願爲您出戰。」

趙範說：「今領兵來的趙子龍，在當陽長阪坡百萬軍中，如入無人之境。我桂陽能有多少人馬？不可迎敵，只可投降。」

陳應道：「我願出戰，若擒不得趙雲，太守再投降不遲。」

趙範拗不過，只得應允。

陳應領三千人馬出城迎敵，不是趙雲的對手，幾個回合便被活捉。趙雲把陳應放了回去，趙範知道無法敵對，手捧印綬，引十數騎出城投降了趙雲。

趙雲出寨迎接，並置辦了酒菜熱情款待趙範，酒至數巡，趙範道：「將軍姓趙，我也姓趙，五百年前，還是一家。將軍是眞定人，我也是眞定人，又是同鄉。倘蒙不棄，結爲兄弟，實爲萬幸。」

趙雲長趙範四個月，於是趙範拜趙雲爲兄。

第二天，趙範請趙雲入城安民。趙雲並沒有帶大軍進城，只帶了五十騎親兵。安民完畢後，趙範邀請趙雲入衙飲宴，酒至半酣，趙範請出一女子爲趙雲敬酒。趙雲見這女子雖身穿縞素，卻有傾國傾城之色，便問趙範：「這是何人？」

趙範道：「我家嫂嫂樊氏。」

趙雲馬上恭敬地回敬，樊氏敬酒完畢，辭歸後堂。

趙雲道：「賢弟爲何要煩你家嫂嫂親自敬酒？」

趙範笑道：「這中間有個緣故，望兄長不要推辭。家兄去世已三載，家嫂寡居，終究不是辦法。弟常勸她改嫁，嫂嫂卻說：『若得三件事兼全之人，我才要嫁：第一要文武雙全，名聞天下；第二要相貌堂堂，威儀出衆；第三要與家兄同姓。』天下事就這般湊巧，兄長儀表堂堂，名震四海，又與家兄同姓，正合家嫂所言。若不嫌家嫂相貌醜陋，願陪嫁資，嫁予兄長爲妻，結累世之親，如何？」

趙雲聞聽大怒而起，厲聲喝道：「吾既與你結爲兄弟，你嫂即是我嫂也，豈可做此亂人倫之事！」

趙範羞慚滿面，答道：「我好意相待，你爲何這般無禮！」於是，目視左右，有相害之意。

趙雲已覺察到，一拳打倒趙範，逕出府門，上馬出城去了。

趙範急喚陳應、鮑隆商議。陳應道：「趙雲大怒而回，不如截住厮殺。」

趙範道：「但恐赢他不得。」

鮑隆道：「我兩個去詐降，太守引兵來搦戰，我二人趁機擒他。」

陳應道：「必須帶些人馬。」

鮑隆道：「五百騎足矣。」

當晚，二人引五百軍直奔趙雲營寨來投降。趙雲已知道二人前來詐降，喚二人進帳。二人來至帳下說：「趙範欲用美人計賺將軍，只等將軍醉了，扶入後堂謀殺，拿將軍的人頭去曹丞相處獻功；如此不仁，我二人不願追隨。見將軍是英雄，因此前來投降。」

趙雲假裝高興，置酒與二人痛飲。二人大醉，趙雲將他們綁在帳中，喚桂陽五百軍入內，各賜酒食，傳令道：「要害我的是陳應、鮑隆，不干衆人之事。你等按我的計策行事，皆有重賞。」

趙雲將陳、鮑二人斬了，教那五百軍士引路，連夜到桂陽城下叫開城門。趙雲入城將趙範拿下，安撫百姓後，飛報劉備。

劉備與諸葛亮親赴桂陽，趙雲把趙範嫁嫂之事述說一遍。

諸葛亮對趙雲說：「這是好事，將軍爲何如此？」

趙雲卻說：「趙範既與我結爲兄弟，今若娶其嫂，惹人唾罵，一也；其婦再嫁，使其失節，二也；趙範初降，其心難測，三也。主公新定江漢，枕席未安，趙雲怎敢以一婦人而廢主公之大事？」

劉備道：「今日大事已定，與你娶樊氏如何？」

趙雲又說：「天下女子不少，但恐名譽不立，何患無妻子乎？」

劉備道：「子龍眞丈夫也！」

於是，劉備下令放了趙範，仍令其爲桂陽太守，重賞趙雲。

美人計雖然有很強的殺傷力，並不是每次都能奏效，這次就失靈了。當年關羽三誓降曹時，曹操爲了徹底收買關羽，就用過美人計，但關羽不爲美色所動，把曹操送來的美女退回去。

由此看來，用美人計要分對象，並不是對每個人都靈驗。

【第32計】

空城計

【原文】

虛者虛之，疑中生疑；剛柔之際，奇而復奇。

【注釋】

虛者虛之：第一個虛字，空虛，與實相對，指軍事力量不敵對方；第二個虛字是動詞，顯示虛弱的樣子。句意爲：劣勢的軍隊面臨強敵，故意顯示空虛。

疑中生疑：第一個疑字，是可疑的形勢；第二個疑字是動詞，懷疑。意爲面對可疑的形勢更加生疑。

剛柔之際：這裡是指敵我雙方懸殊的時刻。

奇而復奇：奇妙之中更加奇妙。

【譯文】

本來兵力空虛，卻故意把空虛的樣子顯示在敵方面對，使敵人眞假難辨，在疑惑之中更加疑惑。在敵強我弱的情況下，運用這種策略，效果更加奇妙。

【計名探源】

空城計是一種心理戰術，目的在於讓敵人心生疑慮。在己方無力守城的情況下，故意向敵人曝露空虛，即所謂的「虛者虛之」。敵方產生懷疑，認爲這裡面有陰謀，便會猶豫不前，即所謂的「疑中生疑」。敵人怕城內有埋伏，自然不敢陷進埋伏圈內。但這是玄而又玄的「險策」，使用此計的關鍵，是要把握好敵方將帥的心理狀態及性格特點。

西元前六六六年，楚國令尹公子元親率兵車六百乘，浩浩蕩蕩攻打鄭國。楚國大軍一路連戰皆勝，直逼鄭國國都。

鄭國無力抵擋楚軍進犯，危在旦夕，群臣慌亂，有的主張割地賠款議和，有的主張決一死戰。上卿叔詹認爲這兩種主張都不是上策，分析說：「議和與決戰都無利於我。固守待援，倒是可取的方案。鄭國和齊國訂有盟約，而今有難，齊國會出兵相助。只是，空談固守，恐怕也難守住。公子元伐鄭，實際上是想邀功圖名，一定急於求成，特別害怕失敗。我有一計，可退楚軍。」

鄭國按叔詹的計策，在城內做了安排。命令士兵全部埋伏起來，不讓敵人看見一兵一卒。令店鋪照常開門，百姓往來如常，不准露出一絲慌亂之色。然後大開城門，放下吊橋，擺出完全不設防的樣子。

楚軍先鋒到達鄭國都城，見此情景心中起疑，擔心城中有埋伏，不敢妄動。公子元趕到城下，也覺得好生奇怪，率衆將到城外高地觀視，見城中確實空虛，但又隱約看到鄭國的旌旗甲士。

公子元認爲其中有詐，不敢貿然進攻。這時，齊國接到鄭國的求援信，已聯合魯、宋兩國發兵救鄭。公子元聞報，知道三國兵士開到，楚軍定不能勝，還是趕快撤退爲妙，於是下令全軍連夜撤走。

孔明擺空城，司馬懿中計退兵

諸葛亮的空城計，只能用一次。因為諸葛亮知道司馬懿老謀深算而又多疑，才會聰明反被聰明誤，如果是其他將領必然會選擇攻城或圍城。

諸葛亮第一次出祁山北伐中原，魏主曹叡急派司馬懿統率大軍抗拒蜀軍，兩軍爭奪的重點是街亭和柳城。諸葛亮派馬謖和王平同守街亭，派高翔守柳城。然而馬謖只是是趙括之流，不按諸葛亮的吩咐安營紮寨，結果街亭丟失。

諸葛亮聽說街亭、柳城皆被魏軍奪去，頓足長歎說：「大事難成，這全都是我的過錯啊！」

諸葛亮急忙命關興、張苞率兵退往陽平關，令張翼引軍去劍閣，以備退路。三軍將帥收拾行囊準備啓程，姜維、馬岱斷後，伏於山谷中，待大軍退盡方能收兵；

又秘密通告天水、南安、安定三郡軍民皆入漢中。

諸葛亮把這一切佈置妥當之後，身邊已無大將，只有一班文官，城中守軍只有二千餘人。不久，手下來報，司馬懿率領十五萬大軍向西城殺奔而來。

諸葛亮親自登城觀看，果然塵土衝天，魏兵分兩路直奔西城殺來。諸葛亮傳令衆將把旌旗全部藏起來，所有士卒各守城池，不准隨便出入及高聲喧嘩，違者立刻斬首。緊接著，諸葛亮下令城門大開，每座城門有二十名軍士扮作百姓灑掃街道，魏兵到時，不可擅自亂動。諸葛亮自己則身披鶴氅，頭戴綸巾，帶著兩個小童，攜琴於城樓之上，憑欄而坐，焚香撫琴。

魏軍前哨來到城下，見了如此情況，不敢進城，急忙飛報司馬懿。司馬懿止住三軍，親自觀望，果然見諸葛亮端坐於城樓之上，笑態盈盈，焚香撫琴，左有一童子手捧寶劍，右有一童子手執麈尾；城門內外有二十餘百姓低頭灑掃，旁若無人，根本沒有敵軍壓境的慌恐氣氛。

司馬懿看完後驚疑不止，立刻命令後軍變作前軍，前軍變作後軍，往北沿山路而退。次子司馬昭對司馬懿說：「是不是諸葛亮並無大軍，故意擺出這種陣勢？父親爲何退兵？」

司馬懿說：「你們哪裡知道，諸葛亮平生謹慎，不會弄險。現今城門大開，定有埋伏，我軍如果進城，必定中計。」於是，兩路魏兵全部退去。

諸葛亮見魏軍退去，撫掌而笑。手下人無不駭然，問諸葛亮：「司馬懿是魏國名將，今統十五萬精兵到此，見了這座空城便急速退去，這是爲什麼呢？」

諸葛亮說：「司馬懿知道我平生謹慎，必不弄險，見了這等光景，懷疑有伏兵，所以退去。我並不是要冒險，這實在是沒辦法，不得已而用之。司馬懿一定是率軍往北路退去。我已令關興、張苞二人在那裡等候。」

衆官都驚訝佩服道：「丞相玄機神鬼莫測。如果是我們，一定棄城逃跑。」

諸葛亮又說：「我們只有二千五百軍兵，如果棄城逃跑，一定跑不遠，豈不被司馬懿捉住？」

司馬懿退到武功山，忽聽山後喊殺聲四起，鼓聲震天，回頭對二子說：「我們如果不撤，必中諸葛亮之計。」

只見張苞引兵殺來，魏兵皆棄甲拋戈而逃。又跑了沒多遠，山谷中又喊殺聲四起，關興引兵殺來，魏軍不知蜀軍多少，心驚膽顫，不敢久停，只得丟下糧草輜重而去。關興、張苞二人也不追趕，盡得軍器糧草而回。

後來，司馬懿得知中了諸葛亮的空城計，仰天長歎：「我眞不如諸葛亮啊！」只能率兵返回長安，諸葛亮也安全地撤回了漢中。

民間有句俗語說：「諸葛亮的空城計，只能用一次。」仔細推敲，這句話還是有道理的。

首先，用此計必須是諸葛亮本人，因爲在司馬懿的心目中，諸葛亮絕不弄險。在一出祁山前，魏延曾要求領兵五千從子午谷襲擊長安，諸葛亮認爲這不是萬全之策，並不採納。事後，司馬懿說：「諸葛亮用兵過於謹愼，如果是我，則先從子午谷襲取長安。非他無謀，只是不肯弄險。」

其次，魏軍統帥必須是司馬懿，換成其他人也不行，因爲諸葛亮知道司馬懿老謀深算而又多疑，才會聰明反被聰明誤，如果是其他將領必然會選擇攻城或圍城。

趙雲和曹操鬥智鬥勇

看似極冒險的舉動，其實隱含著趙雲智勇雙全。曹操是個極聰明的人，趙雲正是抓住了曹操聰明又多疑的個性，與之鬥智鬥勇。

一般人只知道諸葛亮擺過空城計，事實上，趙雲也擺過空營計。

黃忠在定軍山斬了夏侯淵，曹操大怒，親率大軍來討伐，諸葛亮派黃忠、趙雲前去迎敵。黃忠、趙雲商議：「曹操引大兵至此，糧草接濟不上，如果派一人深入其境，燒其糧草，奪其輜重，曹操必定銳氣大挫。」

於是，二人約定午時為期，由黃忠前去燒曹軍糧草，如沒按時返回，趙雲便前往接應。

當天夜晚，黃忠偷渡漢水，直到北山之下。東方日出，黃忠見曹軍糧草堆積如山，只有少數軍士看守，正要令士兵放火，張郃領兵殺到，雙方混戰一處。曹操聞知，急令徐晃接應，將黃忠團團圍住。

趙雲在營中等到午時，不見黃忠回營，急忙披掛上馬，引三千軍向前接應。臨行，趙雲對副將張翼說：「你可堅守營寨。兩邊多設弓弩，以爲準備。」

趙雲率兵直至北山之下，見張郃、徐晃兩人圍住黃忠，軍士被困多時，大喝一聲，挺槍策馬殺入重圍，如入無人之境。

趙雲救出黃忠，且戰且走，所到之處無人敢阻。曹操在高處望見，驚問衆將：「此將何人？」

左右人說：「這是常山趙子龍。」

曹操說：「昔日長阪英雄尚在！」急傳令：「所到之處，不許輕敵。」

曹操見趙雲東衝西突，救了黃忠，勃然大怒，自領左右將士追趕趙雲。趙雲殺回本寨，部將張翼接應，望見後面塵起，知是曹兵追來，對趙雲說：「追兵漸近，可令軍士閉上寨門，上城樓防護。」

趙雲大喝道：「休閉寨門！你豈不知我昔日在當陽長阪，單槍匹馬，覷曹兵八十三萬如草芥！今有軍有將，又何懼哉！」

張郃、徐晃領兵追至，天色已暮，見寨中偃旗息鼓，又見趙雲單槍匹馬立於營外，寨門大開，不敢前進。正遲疑之間，曹操親到，急催衆軍向前。衆軍聽令，殺奔營前，見趙雲全然不動，恐有埋伏，翻身就回。

趙雲把槍一挺，壕中弓弩齊發。時天色昏黑，曹操不知蜀兵究竟多少，撥馬回走。只聽得後面喊聲大震，鼓角齊鳴，蜀兵趕來。曹兵自相踐踏，擁到漢水河邊，落水死者不知其數。趙雲、黃忠各引兵追殺，曹操正奔走間，又逢劉封、孟達率二支兵從米倉山路殺來，放火燒糧草。曹操只好棄了北山糧草，回自己的營地，趙雲、黃忠大獲全勝。

看似極冒險的舉動，其實隱含著趙雲智勇雙全。曹操是個極聰明的人，在他的頭腦中，趙雲這般行事謹慎的人絕不會冒「敞開城門」的危險，即便一員大將已提到此舉可能是虛設的騙人之計，曹操仍未相信，失去了一個好機會。

趙雲正是抓住了曹操聰明又多疑的個性，與之鬥智鬥勇，難怪劉備同諸葛亮前至漢水，看過趙雲擺下的空營，深有感慨地讚歎：「子龍一身是膽也！」

【第33計】

反間計

【原文】

疑中之疑。比之自內，不自失也。

【注釋】

疑中之疑：疑，懷疑。意思是，在疑陣中再佈置疑陣。

比之自內，不自失也：語出《易經．比卦》：「比之自內，不自失也。」比，親比、輔助、援助、勾結、利用。此句可以理解爲利用敵人派來的間諜爲我方服務，可以有效地保全自己，攻破敵人。

【譯文】

在敵人佈置的疑陣中再反設一層疑陣，稱之爲反間。順勢利用敵人內部的策略去謀劃敵人，那麼就可以使自己不遭受損失，獲得最後勝利。

【計名探源】

反間計是指在疑陣中再布疑陣，巧妙地使敵內部的間諜歸順，我方就可萬無一失。在戰爭中，雙方使用間諜，是十分常見的。

《孫子兵法》就特別強調間諜的作用，認爲將帥行軍作戰必須事先瞭解敵方的情況。要準確掌握敵方動向，不可以靠鬼神，也不可以靠經驗，「必取於人，知敵之情者也」。

所謂的「人」，就是間諜。

《孫子兵法．用間篇》指出，間可分爲五種：利用敵方鄉里的普通人做間諜，叫「因間」；收買敵方官吏做間諜，叫「內間」；收買或利用敵方派來的間諜爲我所用，叫「反間」；故意製造和洩漏假情況給敵方的間諜，叫「死間」；派人去敵方偵察，再回來報告情況，叫「生間」。

唐代詩人杜牧對此計解釋得十分清楚：「敵有間來窺我，我必先知之，或厚祿誘之，反爲我用；或佯爲不覺，示以僞情而縱之，則敵人之間，反爲我用也。」

蔣幹盜書，曹操誤殺水軍都督

曹操並沒有仔細分析蔣幹盜書之中疑點，如果曹操能及時識破周瑜的反間計，不殺蔡瑁、張允二人，恐怕赤壁之戰不會輸得一塌糊塗！

《三國演義》中最出名最出色的反間計，當數赤壁之戰前夕蔣幹盜書，周瑜藉機殺蔡瑁、張允。

漢獻帝建安十三年秋天，曹操親率八十餘萬大軍想奪取江南。東吳的孫權任命周瑜爲大都督統兵迎戰，雙方在三江口安營紮寨，對峙於南北兩岸。

一天，周瑜在左右護衛下，乘坐樓船前往江北探看曹軍水寨，發現曹操水軍陣容嚴整有序，不禁大吃一驚：「深得水軍之妙也。」便問左右曹操水軍都督是誰？左右回答說是蔡瑁、張允。周瑜聽罷，心想蔡瑁、張允二人久居江東，熟習水戰，必須先設法除掉，然後才能大破曹兵。

第二天，周瑜正在帳中議事，忽然接到通報，說曹操軍中故人蔣幹前來拜望。原來，曹軍和東吳戰過一陣，結果大敗而歸，挫動銳氣，曹操便聚眾將和謀士商議破敵之策。帳下幕賓蔣幹站出來說：「我自幼與周瑜同窗，願憑三寸不爛之舌，到江東說服此人來降。」

蔣幹葛巾布袍，駕一葉小舟，逕往周瑜寨中。周瑜何等聰明，豈能不知其中算計，笑著對在座眾將說：「曹操的說客到了。」靈機一動，計上心頭，帶領隨從數百人，前呼後擁地出寨迎接。

周瑜把蔣幹迎到寨中，寒暄禮畢便大張筵席，盛情款待，還請在座的文武官員作陪。周瑜對在座的文武官員說：「這是我的同窗好友，雖然從江北大營而來，卻不是曹家的說客，請各位不要疑慮。」並解佩劍交予部將太史慈，交代說：「今日我與故人相會，只敘友情，不談軍政，如有違反者，立斬不赦。」

蔣幹本是奉曹操之命，以故舊之情前來勸說周瑜歸降，誰料周瑜一下就把話堵死了，只好飲酒談笑。一時間，在座文武杯觥交錯，談笑風生。

飲至半酣，周瑜拉著蔣幹走出大帳，見左右軍士都全副武裝，持戈執戟而立。

周瑜問：「我東吳士兵，威武雄壯嗎？」

蔣幹說：「果眞是熊虎之士！」

周瑜又拉著蔣幹到帳後，望著堆積如山的糧草。

周瑜問：「我軍的糧草足備嗎？」

蔣幹說：「兵精糧足，名不虛傳。」

周瑜佯醉對蔣幹說：「縱使蘇秦、張儀復出，口似懸河，舌如利劍，也不能打動我啊！」說罷大笑。

蔣幹面如土色，周瑜又拉他入帳，同諸將再飲，並指著諸將說：「這些都是江東豪傑，今日宴會，可稱之爲『群英會』。」

衆人宴飲，一直鬧到深夜，蔣幹推說自己不勝酒力，周瑜才命人撤宴散席。這時，周瑜佯裝酒醉，對蔣幹說：「子翼，難得今日老友相聚，今晚就與我同眠一榻吧！」邊說邊拉著蔣幹朝自己的大帳走去。

到了帳裡，周瑜自顧和衣躺在榻上，嘔吐不止，滿地狼藉，不一會兒，便呼呼地「睡熟」了。蔣幹卻睡不著，聽到軍中已打二更，藉著帳內殘燈起身張望，猛然見到書案上堆著一卷文書。

蔣幹偷偷地看了看，全是軍中往來信函，便悄悄翻閱，見其中一信封上寫「蔡瑁、張允謹封」，心中大驚，偷偷閱讀。不料，信上竟寫著這樣一段話：「某等降曹，非圖仕祿，迫於勢耳。今已賺北軍困於寨中，但得其便，即將操賊之首獻於麾下，早晚人到，便有關報，幸勿見疑。先此敬覆。」

一看之後，蔣幹的心不由得猛然往下一沉，原來蔡瑁、張允竟是暗通東吳的奸細，立即把信藏在衣袋裡。正要再翻動其他書信時，周瑜在床上翻身滾動，蔣幹急忙熄燈就寢。

周瑜依然躺在那裡深睡未醒，還在說著夢話：「子翼，數天之內，我教你看看曹賊的首級！」說完又打鼾了。

蔣幹聽了這些夢話，心裡又急又氣，卻不敢聲張，只得和衣躺下，假裝入睡。到了四更時，外面有人進入帳內，將周瑜輕輕叫醒。周瑜如夢中剛醒，忽然看見床上有人，便問：「床上睡的是什麼人？」

來人答道：「都督請蔣幹同榻而睡，難道都督忘記了？」

周瑜懊惱地說：「我平日不曾飲酒，昨天是不是酒後失態說了一些什麼話？」

來人悄悄說道：「江北有人到來。」

周瑜連忙示意來人住口，又低聲叫喚蔣幹，見蔣幹並未答話，這才放心。

周瑜起身與那人走出帳外，蔣幹隱隱約約聽到那人在帳外對周瑜說：「蔡、張二將說，『急切下不得手』……」

不一會，周瑜回到帳內，走到榻前叫了蔣幹幾聲，蔣幹蒙頭假睡，不予理睬。周瑜見蔣幹不醒，自己又躺下睡著了。

到了五更天時，蔣幹眼看天將大亮，便偷偷起身，走出大帳，帶上隨從，一溜煙駕船回到曹軍大寨。

回到大寨後，曹操詢問此行去南岸遊說周瑜歸降情況如何。

蔣幹回報說：「周瑜心志很高，並非言詞所能說動。」接著又說：「主公且勿憂慮，這次過江，雖然遊說不成，卻爲您打探到一件極重要的事。請丞相摒退左右！」說著，拿出從周瑜帳中偷來的信給曹操看，並將昨夜所見所聞一一稟報。

曹操不聽則已，一聽勃然大怒，立即命人將蔡瑁、張允叫來帳中，厲聲說道：「我命你二人今日進軍東吳！」

蔡、張二人不知究竟，回稟道：「眼下水軍尚未練熟，不宜輕進。」

曹操聽罷大怒，喝道：「等到水軍練熟，我的首級早已獻給周瑜了吧！」

蔡、張二人聽了這話，一時摸不著頭腦，不知如何應答，正在猶豫之時，曹操下令將二人立即推出轅門斬首。

但曹操何等精明，轉念一想，馬上意識到中了周瑜的反間計，急喚刀斧手，卻爲時已晚，蔡、張二人已被斬首了。

一條並不高明的反間計，使曹操殺掉了兩個能與東吳抗衡的水軍都督。曹操盛怒之下，並沒有仔細分析蔣幹盜書之中疑點。

周瑜是何等人物，明知蔣幹前來必有目的，豈能與他同榻而眠，而不另置別寨？大敵當前，周瑜身爲三軍都督，又豈能與客人飲酒至醉？此外，兩軍交兵，元帥的大帳應有重兵守衛，外人又怎能隨便出入？蔣幹離別東吳之時，無人阻攔、無人通報，任其自行出入，更加啓人疑竇。

如果曹操能及時識破周瑜的反間計，也許赤壁之戰會是另一種結果。曹操如不殺蔡瑁、張允二人，恐怕不會輸得一場糊塗吧！

曹操施用反間計，馬超韓遂反目成仇

韓遂馬超兩人反目成仇，接著西涼之兵自相殘殺。反間計容易成功，原因在於，多數人都有致命的弱點——猜疑，相互之間不信任，便讓敵方有機可乘。

《三國演義》中還有一處反間計，就是曹操離間馬超、韓遂，最終徹底破馬超、收韓遂，一舉平定西涼，這也是曹操軍事生涯的得意之作。

馬騰與劉備、董承等要共謀曹操，不料事情洩漏，反被曹操所害。馬超為報殺父之仇，盡起西涼之兵向許昌殺來。潼關一戰，曹操割鬚棄袍，大敗而歸，然而曹操兵多將廣，馬超不能取勝。

時值隆冬，雙方相持不下，韓遂部將李堪道：「不如割地請和，兩家且各罷兵，捱過冬天，到春暖之時再行計議。」

韓遂認為可行，馬超猶豫不決，但楊秋、侯選等人都傾向求和，於是韓遂派楊秋為使，前往曹操大寨下書，言割地請和之事。

曹操說：「你且先回寨，我來日使人回報。」

楊秋辭去後，賈詡入見曹操說：「兵不厭詐，可假意答應，然後用反間計，令韓、馬相疑，則一鼓可破馬超。」

曹操撫掌大喜，於是遣人回書：「兩家罷兵，我軍徐徐退兵，還河西之地。」一面教士兵搭起浮橋，做出退軍模樣。

馬超對韓遂道：「曹操雖然答應講和，但這人奸詐難測，倘若不做準備，反受其制。我與叔父輪流調兵，今日叔父向曹操，我向徐晃；明日我向曹操，叔父向徐晃。分頭防備，以防有詐。」

有人將消息報知曹操，曹操對賈詡道：「我大事已成！」問左右：「明日是誰向我這邊？」

左右報曰：「韓遂。」

次日，曹操引眾將出營，韓遂部卒大多不識曹操，出陣觀看。曹操高聲叫道：「你們不是要觀看我曹操嗎？我也和一般人沒什麼兩樣，並非有四目兩口，只是足智多謀罷了。」

曹操又派人過陣對韓遂道：「丞相謹請韓將軍答話。」韓遂出陣，見曹操並無甲仗，也棄掉甲仗，輕服匹馬而出。二人馬頭相交，各按轡對話。

曹操說：「我與將軍之父同舉孝廉，嘗以叔侄之禮相待。我與將軍同登仕路，不覺有些年了。將軍今年年紀幾何？」

韓遂答道：「四十歲矣。」

曹操又說：「往日在京師，我等都青春年少，不覺中年已過！」兩人只是細說舊事，並不提起軍情，說罷大笑，相談有一個時辰，才各自歸寨。早有人將此事報知馬超。馬超連忙來問韓遂：「今日曹操陣前所言何事？」

韓遂道：「只訴京師舊事。」

馬超又問：「為什麼不言軍務呢？」

韓遂道：「曹操不說，我一個人又怎麼談軍務？」

馬超對韓遂起了疑心，沒說什麼便退出去了。

曹操回寨後，賈詡說：「此意雖妙，還不能徹底離間二人。我有一計，能使韓遂、馬超自相仇殺。」

曹操連忙問有何妙計，賈詡答說：「丞相親筆寫封書信，單獨交給韓遂，於要害處塗抹改動，然後送予韓遂，故意使馬超知道此事。馬超必然要看來信，若看見上面要緊之處塗塗抹抹，便會心生猜疑。我再暗結韓遂部下諸將互相離間，馬超必敗無疑。」

曹操大喜，隨即寫書一封，將緊要處盡皆改抹，然後派人送過寨去。果然，有人報知馬超，馬超更加懷疑，來找韓遂索要書信觀看，見上面有改抹字樣，問韓遂道：「書上為何都塗抹？」

韓遂道：「原書便是如此，不知何故。」

馬超說：「我卻不信，曹操是精細之人，豈會有差錯？我與叔父並力殺賊，奈何忽生異心？」

韓遂說：「賢侄休疑，我絕無二心。」

馬超哪裡肯信，恨怨而去。

兩人反目成仇，接著西涼之兵自相殘殺，馬超大敗，帶著龐德、馬岱向隴西臨洮而去。

曹操親自追至安定，才收兵回長安。

一條並不高明的反間計，決定了一場戰爭的勝負，看來反間計的確是威力無比。

爲什麼反間計容易成功呢？

原因在於，多數人都有致命的弱點——猜疑，相互之間不信任，便讓敵方有機可乘。反間計實施起來較容易對敵人造成殺傷，不必投入太大的人力和物力。成功了，可以大功告成；失敗了，自己沒什麼損失。

這大概就是反間計屢試屢成的原因吧！

【第34計】

苦肉計

【原文】

人不自害，受害必真；假真真假，間以得行。童蒙之吉，順以巽也。

【注釋】

童蒙之吉，順以巽也：出自《易經．蒙卦》：「童蒙之吉，順以巽也。」意思是說：不懂事的孩子單純幼稚，順著他的特點逗著他玩耍，就會把他騙得乖乖的。本計運用蒙卦的象理，指出以戕害自己的方式欺騙敵人，往往能順利達成目的。

【譯文】

人在正常情況下不會自己傷害自己，如果傷害自己必定別有用意。這樣以假作眞，以眞為假，那麼計謀就能實現。要像欺騙幼童那樣迷惑對方，順著對方柔弱的性情來達到目的。

【計名探源】

人們都不願意傷害自己，因此自我「傷害」有時可以取信於人。對方如果以假當眞，定會信而不疑，這樣才能使苦肉之計得以成功。苦肉計其實是一種特殊的離間計，運用此計，己方要造成內部矛盾激化的假象，再派人裝作受到迫害的樣子，借機插到敵人心臟中去進行間諜活動。

苦肉計出自《吳越春秋》，春秋時期，闔閭殺了吳王僚，自立爲王。吳王僚的兒子慶忌是天下聞名的勇士，正在衛國招兵買馬，準備攻回吳國奪取王位。闔閭懼怕慶忌爲父報仇，整日提心吊膽。

闔閭要大臣伍子胥替他設法除掉慶忌，伍子胥推薦了一個智勇雙全的勇士，名叫要離。闔閭見要離矮小瘦弱，有些失望地說道：「慶忌人高馬大，勇力過人，你如何殺得了他？」

要離說：「刺殺慶忌，要靠智不能靠力。只要能接近他，事情就好辦了。」

闔閭說：「慶忌防範嚴密，又怎麼能夠接近他呢？」

要離說：「請大王砍斷我的右臂，殺掉我的妻子，這樣我就能取信於慶忌。」

闔閭不肯答應，要離說：「爲國亡家，爲主殘身，我心甘情願。」

不久，吳國忽然流言四起，指稱闔閭殺君篡位，是無道昏君。吳王下令追查，原來流言是要離散布的。闔閭下令捉了要離和他的妻子，要離當面大罵昏君。闔閭假借追查同謀，未殺要離，只是斬斷了他的手臂，把他夫妻二人收監入獄。

幾天後，要離從監獄逃走了。闔閭就殺了他的妻子，並發佈公文緝拿。這件事不僅傳遍吳國，連鄰近的國家也都知道了。

要離逃到衛國求見慶忌，請求慶忌為他報斷臂、殺妻之仇。很快，要離成了慶忌的親信。不料，慶忌乘船向吳國進發時，要離乘他沒有防備，從背後用矛盡力刺去，刺穿了胸膛。

慶忌因失血過多而死，要離完成了刺殺慶忌的任務，也自刎而死，這就是春秋時期最著名的苦肉計。

周瑜打黃蓋，曹操上當兵敗

詐降的船隊衝入曹操水寨，曹軍被火焚、溺水、中箭者不計其數，曹操本人也落荒而逃。周瑜、黃蓋的「苦肉計」，是取得赤壁大戰勝利的重要計謀之一。

《三國演義》中的攻打殺伐驚心動魄，但鬥智鬥勇也妙計層出。單單是赤壁之戰就是計計相連，令人拍案叫絕。衆計之首當屬苦肉計，如果苦肉計不成，其他則計計不成。

諸葛亮草船借箭以後，又與周瑜一起提出了火攻曹兵的作戰方案。恰在此時，已投降曹操的荊州將領蔡和、蔡中兄弟，受曹操指使來東吳大營詐降。周瑜索性將計就計，盛情接待了蔡氏兄弟。蔡氏兄弟自以爲詐降得逞，怎麼也沒想到，周瑜正要利用他們爲曹操提供假消息。

一天夜裡，周瑜正獨自在帳內考慮兵事，黃蓋潛入帳中來見。黃蓋曾隨孫堅討伐董卓，是東吳主戰將領之一。孔明舌戰群儒時，他自外而入，厲聲對諸謀士說：「孔明是當世奇才，君等以唇舌相難，非敬客之禮。今曹操大軍臨境，不思退敵良策，卻徒鬥口舌！」

周瑜問黃蓋：「老將軍深夜到此，一定是有良謀賜教。」

黃蓋說：「敵眾我寡，不宜與之久持，爲什麼不用火攻來破曹兵？」

周瑜說：「我也要用此計破曹兵，所以留下前來詐降的蔡和、蔡中，以通消息，只是無人爲我行詐降之計。」

黃蓋說：「我願行此計！」

周瑜說：「不受些苦，恐怕難以使曹操信服。」

黃蓋說：「我受孫氏厚恩，即便肝腦塗地，也絕無怨悔！」

周瑜拜謝道：「老將軍如能行此苦肉計，這是我整個江東的萬幸。」

第二天，周瑜升帳，召集諸將，命令他們各領取三個月的糧草，分頭做好破曹的準備。

黃蓋打斷周瑜的話，搶先說：「不用說三個月，就是領取三十個月的糧草，恐怕也無濟於事。如果這個月內能打敗曹操，再好不過了，要是一個月之內不能擊潰曹兵，倒不如按張昭的主意束手投降。」

周瑜聽了這番擾亂軍心的投降論調後，勃然大怒，喝令左右將黃蓋推出帳外，斬首示衆。黃蓋也不示弱道：「我自追隨先將軍以來，南征北戰，已歷三世，那時不知你還在做什麼！」

黃蓋倚老賣老，根本就沒把周瑜放在眼裡。

周瑜怒不可遏，命令速斬。

大將甘寧以黃蓋是東吳功勳老臣爲由，替黃蓋求情，周瑜下令亂棒打出大帳。衆文武官員見周瑜如此盛怒，都擔心黃蓋性命難保，一齊爲黃蓋求情。

看在衆人的面上，周瑜改爲重打一百脊杖。衆人還覺得杖罰過重，弄不好黃蓋有性命之憂，苦苦相求，請求從輕發落。周瑜寸步不讓，掀翻案桌，斥退衆人，喝令速速行刑。

行刑的士兵把黃蓋掀翻在地，剝了衣服，狠狠地打了五十脊杖。衆人再次苦苦相求，周瑜才恨聲不絕地退入帳中。這就是後世廣爲流傳的「周瑜打黃蓋，一個願打，一個願挨」。

五十軍棍把黃蓋打得皮開肉綻，鮮血迸流，在場的人無不爲之動容。黃蓋一連昏死過幾次，其他將領來探視時，黃蓋只是長吁短歎，並不多說話。他的密友闞澤看出了周瑜打黃蓋是苦肉計，前來探視。

黃蓋對闞澤說：「我受吳侯三世厚恩，無以回報，故獻苦肉計破曹。我遍觀軍中，惟有您有忠義之心，所以以心腹大事相託。您機智敏慧，能言善辯，膽識過人，所以想讓您去曹營獻詐降書。」

闞澤欣然應諾道：「大丈夫處世，不能立功建業，與草木同朽。您能甘願受刑報國，我又有什麼捨不得呢？」

闞澤當晚扮作漁翁，駕一葉小舟望北岸駛來，三更時候到了曹軍水寨。巡寨士兵連夜報知曹操，曹操聽說東吳參謀闞澤有機密事來見，便命人引進帳來。

帳內燈燭煌煌，曹操襟衣正座道：「你既是東吳參謀，來我水寨做什麼？」

闞澤說：「黃蓋是東吳三世老臣，今被周瑜在衆人前無端毒打，不勝憤恨。爲了報仇，要投降丞相，我與黃蓋情同骨肉，特來獻密信。」說著，呈上密信。

閱歷豐富、老謀深算的曹操，面對闞澤的詐降書將信將疑，在燈下反覆看了十多次，忽然拍案張目大怒：「黃蓋用苦肉計，令你下詐降書，我豈能被你矇騙！」

令左右將闞澤推出斬首。

闞澤面不改色，仰天大笑。

曹操喝斥道：「我已識破你的奸計，你爲何大笑？」

闞澤說：「我並非笑你，是笑黃蓋不識人！」

曹操說：「我自幼熟讀兵書，深知奸僞之道。你這條苦肉計瞞得過別人，卻瞞不過我！」

闞澤說：「這哪裡是奸計？」

曹操便舉信中不明約來降時間爲證，闞澤就此事不但解釋得無懈可擊，還譏諷曹操枉讀兵書而不識機謀。曹操聽了，態度馬上轉變，置酒款待闞澤。

不一會兒，有人入帳在曹操耳邊私語，闞澤知道是蔡氏兄弟將黃蓋受刑之事用密信報來。曹操得了蔡氏兄弟的密信，對闞澤投降之事更加深信不疑，使請闞澤速回江東，與黃蓋約定來降時間。

闞澤回見黃蓋後，又和甘寧策劃一計，讓甘寧在蔡氏兄弟將進帳時，故意拍案大叫，說些周瑜無情，不能受其凌辱，決計降曹的話；等蔡氏兄弟進帳，甘寧又以他和闞澤的話被蔡氏兄弟聽見爲由，拔劍要殺掉他們。

蔡氏兄弟不知是計，以爲甘寧、闞澤眞心要降曹，便將自己詐降的事全盤托出。蔡氏兄弟馬上又寫密信報知曹操，闞澤也另外寫信，遣人密報曹操，一旦有機可乘，黃蓋便會在船頭插青龍牙旗前去投降。

一切準備妥當之後，周瑜又巧妙地讓龐統潛至曹營，爲曹操獻上一計，將戰船鎖在一起。這樣一來，曹操的戰船或三十艘一隊，或五十艘一組，都用鐵鎖連到一起，並在船上鋪了木板，士卒戰馬往來如履平地。

建安十三年十一月二十日，孫劉聯軍方做好大戰前的準備與部署。東南風驟起，越來越急，黃蓋將準備好的二十艘大船，裝滿蘆葦、乾柴，澆上魚油，準備好引火用的硫磺、焰硝等物，然後用青布油罩蓋好，船頭釘滿大釘，並豎起詐降的聯絡標識——「青龍牙旗」。每條大船後面各繫著小船，以備放火後撤退。黃蓋致書與曹操約定當晚帶著糧船來降，周瑜也安排好接應黃蓋的船隻和進攻的後續隊伍。

曹操見了黃蓋的密信後大喜，與諸將來到水寨的大船之上，專等黃蓋到來。黃蓋座船的大旗上，寫著「先鋒黃蓋」四個大字，指揮著詐降的船隊，趁著東南風向北岸疾進如飛。

曹操看到黃蓋的船隊遠遠駛來，異常高興，認爲這是老天保佑他成功。但曹操的謀士程昱卻看出了破綻，認爲滿載軍糧的船隻不會如此輕捷，恐怕其中有詐。曹操一聽有所醒悟，立即遣將驅船前往攔截，不准靠近水寨，但爲時已晚。

此時，詐降的船隊離曹軍水寨只有二里水面，黃蓋大刀一揮，二十隻火船一齊放火，盡皆衝向曹軍水寨，火乘風威，風助火勢，船如箭發，衝入曹操水寨。曹軍戰船一時俱燃，因各船已被鐵鎖連在一起，水寨頓時成了一片火海，大火又迅速地延燒北岸的曹軍大營。

危急中，曹操在張遼等十數人護衛下，狼狽換船逃奔北岸。孫劉的各路大軍乘機進攻，曹軍被火焚、溺水、中箭者不計其數，曹操本人也落荒而逃。周瑜、黃蓋的「苦肉計」，是孫劉聯軍取得赤壁大戰勝利的重要計謀之一。

【第35計】

連環計

【原文】

將多兵眾，不可以敵，使其自累，以殺其勢。在師中吉，承天寵也。

【注釋】

自累：指自相拖累，自相箝制。

以殺其勢：殺，減弱、削弱、刹住。勢，勢力、勢頭。殺其勢，指減弱、刹住敵軍來勢洶洶的勢頭。

在師中吉，承天寵也：語見《易經．師卦》：「在師中吉，承天寵也。」師卦九二以一陽而統群陰，處於險中，然而剛而得中，得制勝之道，所以吉利，猶如秉承上天錫命一樣得寵。

【譯文】

敵人力量強大，千萬不要硬拼，而要運用計策使他們精力分散，以此來削弱對方的戰鬥力。主帥如果能巧妙地運用計謀，克敵制勝就如同有天神相助一般。

【計名探源】

連環計，指多計並用，計計相連，環環相扣，一計累敵，一計攻敵，面對任何強敵，攻無不克戰無不勝。

此計關鍵是要使敵人「自累」，使敵人自己損耗自己，使敵人行動盲目，勢力削弱。這樣，就爲圍殲敵人創造了良好的條件。

《孫子兵法．行軍篇》強調：「兵非貴益多，惟無武進，足以並力料敵取人而已。夫惟無慮而易敵者，必擒於人。」

兩軍作戰之時，不是兵力愈多愈好，而要既能集中兵力，又能判明敵情，才足以獲得勝利。欠缺深謀遠慮，輕舉妄動的結果，只會爲自己招來不測。

此外，與敵人交戰之時，必須審愼衡量敵我雙方的實力，能打就打，不能打就要避開正面交戰，設法使用計謀讓對方鬆懈，再伺機行事。

龐統獻計，曹操一敗塗地

龐統獻了連環船之計後，東吳一切準備就緒，就等周瑜火攻曹操。周瑜一把大火燒得曹操一敗塗地，曹操本人倉皇逃奔，撿了一條性命，自此無力南下。

赤壁之戰，是中國古代四大以少勝多的著名戰役之一。周瑜大勝曹兵，與東吳文臣武將拼死效命固然有關，不過，決定因素還是周瑜的三次用計。

首先，蔣幹盜書，周瑜用反間計使曹操殺了蔡瑁、張允二人，除去了曹軍中熟悉水戰的兩位都督。

第二，周瑜、黃蓋、闞澤、甘寧用苦肉計賺得曹操的信任，爲戰勝曹軍做了第二步準備工作。

第三，是戰勝曹軍的最後一計——火燒連環船，此計若成，就能大破曹兵。這一計較爲關鍵，周瑜煞費苦心，思索如何用計。正在這時，有人稟報蔣幹再次來訪。周瑜一聽大喜道：「我們成功破曹，就在此人身上。」

原來，曹操連得幾封密信，對於黃蓋投降一事疑惑不定，決定派人去周瑜寨中探聽虛實。蔣幹上次上當，很沒面子，這次又自告奮勇，曹操即令蔣幹立刻駕舟前往東吳水寨。

此前，龐統曾密告魯肅說：「要破曹兵，須用火攻。但大江之上，一船著火，餘船四散，必須設法讓曹操將船連在一起，才能大功告成。」

魯肅將此事報告後，周瑜說：「獻此計，非龐統不可，只是沒有機會。」

周瑜聞知蔣幹又來，便囑咐魯肅：「速請龐統來，只需如此如此，讓蔣幹推薦龐統到曹營去獻計。」

周瑜安排妥當後，便令人引蔣幹進帳，厲聲責怪他忘義背友、竊信壞事，念及舊情，令左右送他往西山背後小庵中歇息，待破曹兵之後，再送其回營，就這樣把蔣幹軟禁起來了。

其實，周瑜想再次利用這個自作聰明的書呆子，名爲軟禁，實際上是要誘他上鉤。蔣幹在庵內，心中憂煩，寢食難安。這一夜星光滿天，蔣幹獨步出庵後，只聽得朗朗讀書聲，信步循聲音走去，見山岩邊上有草屋數間，內有燈光閃爍。

蔣幹往屋內窺探，只見一人掛劍燈前，誦讀孫、吳兵書。蔣幹心想這必定是世外高人，立即叩門求見，其人開門出迎。

蔣幹見這個人儀表不俗，問其姓名，竟然是號稱當世奇才的鳳雛先生龐統。

蔣幹大喜道：「久聞大名，您為何獨自居於此地？」

龐統說：「周瑜自恃才高，不能容人，故隱居於此。不知您是何人？」

蔣幹報了姓名，龐統把蔣幹請入草堂內。蔣幹說：「以先生的才學，又有什麼做不成呢？如果打算投奔曹操，我願意引薦。」

龐統說：「我早就打算離開江東，既然先生有引薦之意，應該馬上就走，如果遲了被周瑜發現，你我二人恐怕被其所害。」於是，與蔣幹連夜下山，到江邊找到原來船隻，調頭奔江北而去。

龐統與蔣幹來到曹軍水寨，蔣幹先入帳向曹操稟報東吳之行的經過。曹操聽說鳳雛先生來到曹營，親自出帳迎接。禮畢後，曹操說：「周瑜年幼，自恃才高，不能容人，今先生到此，請多多指教。」

龐統說：「素聞丞相用兵有法，希望能看一看軍隊陣容。」

曹操令人備馬，先請龐統一同觀看了曹軍旱寨，龐統看了，讚不絕口；又一同觀看了曹軍水寨，見向南分二十四座門，都有艨艟戰艦圍成一圈，中間的小船往來有路，秩序井然。

龐統笑著說道：「丞相用兵果然名不虛傳！」

曹操大喜，將龐統重新請入帳中，設酒宴款待，共同討論兵事。

龐統佯醉，詢問軍中有無良醫，引出曹操說出軍中將士因水土不服的話題。然後，龐統乘機對曹操說：「丞相教練水軍之法甚妙，但可惜不全。」

曹操再三請問有何萬全之策，龐統說：「大江之中，潮起潮落，風浪不息。北兵不習慣乘船，受此顛簸，便生疾病。如果把大小戰船搭配起來，或三十為一排，或五十為一排，首尾用鐵環連鎖，再鋪上木板，別說人能行走，就是馬也可以往來奔跑。這樣，任憑風浪再大，也如履平地，還怕什麼周瑜啊？」

曹操謝道：「如果不是先生良謀，如何能大破東吳？」馬上傳令，叫軍中鐵匠連夜打造連環大釘，鎖住戰船。

龐統獻了連環船之計後，又對曹操說：「我看江東有很多豪傑都對周瑜不滿，我願意替丞相去勸說眾人來投奔丞相，孤立周瑜，到時周瑜必被丞相所擒。」

曹操大喜，命龐統馬上前往，龐統就此脫身。

至此，東吳一切準備就緒，就等周瑜火攻曹操。

爾後，周瑜一把大火燒得曹操一敗塗地，曹操本人倉皇逃奔，撿了一條性命，自此無力南下。

連環計扭轉赤壁戰局

黃蓋用苦肉計瞞過了曹操，周瑜巧用奸細施展反間計。連環船之計為火攻創造條件，就這樣，一計接一計，籌劃得天衣無縫，使曹操完全落入圈套。

赤壁之戰計計相連，環環相扣，諸葛亮、周瑜等人使用伐交、用奸、詐降、設伏、襲擊、縱火、追殲等有效的謀略和戰術，誘使曹操中計，爭得孫劉聯盟在戰爭中的主動權。

赤壁之戰是孫、劉聯盟對抗曹操的第一次重大戰略。曹操打敗袁紹，統一北方以後，雄心勃勃親率大軍下江南，降劉琮，奪荊州，不可一世。面對著浩浩蕩蕩沿江而下的曹操八十三萬人馬，孫權只有五萬多軍隊，劉備只有兩萬人馬，力量對比極爲懸殊。

諸葛亮、周瑜等人一步一步、一計一計，籌劃整個戰局。赤壁之戰就在吳蜀聯盟的精心設計下拉開了帷幕。

第一計，連橫計。

連橫計本不屬於三十六計之列，春秋戰國時，蘇秦、張儀用合縱連橫之法將衆諸侯玩弄於股掌之中，這就是最初的合縱連橫。

本來曹操南下東吳，孫吳內部就有主戰派和主和派，兩派爭鬥十分激烈。以張昭爲首的主和派，懾於曹操強大的實力，力主投降。以周瑜、魯肅、程普、黃蓋爲代表的主戰派，則力主抗戰。至於吳主孫權，雖然內心主戰，但又缺乏信心，因而沉吟不決。

在這種情況下，魯肅從江夏請來了諸葛亮。諸葛亮一到江東就舌戰群儒，以遠見卓識、智慧和膽略，塞住了投降派之口。

然後他進見孫權、周瑜，開頭以言語相激，接著舉出事實，陳述曹操外強中虛諸種不利因素，強調孫劉只要聯合起來就足以戰而勝之，使孫權堅定了聯劉抗曹的決心和信心。

第二計，反間計。

抗曹聯盟形成了，諸葛亮和周瑜分析，曹操人馬雖衆，但「北軍不習水戰」，這是最大的弱點。不過，曹操也很聰明，看到了這個弱點，起用熟悉水戰的荊州降將蔡瑁、張允爲水軍都督，加緊水上訓練。

於是，周瑜施展反間計，誘騙曹操殺了蔡瑁、張允，折斷曹軍的羽翼。

第三計，火攻破敵。

在冷兵器時代，火攻在戰爭中發揮著很大的作用。《孫子兵法》中就有一篇專門講火攻。周瑜、諸葛亮針對敵強我弱的情況秘密策劃，決定用火攻破曹。

第四計，瞞天過海。

水戰最有力的武器是弓箭，諸葛亮神機妙算草船借箭，平白從曹操手裡得到十萬多枝羽箭，爲爾後的水戰、火攻發揮了極大的威力，既挫傷了曹操的銳氣，又爲戰勝曹操奠定了基礎。

第五計，苦肉計。東吳上下齊心破曹，老臣黃蓋甘願受刑，與周瑜演了一出雙簧戲，用苦肉計瞞過了曹操。

第六計，反間計。周瑜巧用曹操派來的奸細蔡中、蔡和通報消息，施展反間計。向曹操詐降時，闞澤機敏的應付，使曹操進一步上當。

第七計，火燒連環船。龐統向曹操獻上連環船之計，使曹軍的大小船隻都連鎖起來，爲火攻創造條件。

一切都準備妥當了，就等冬至前後天氣轉變，長江之上東南風起。

就這樣，一計接一計，一環扣一環，籌劃得天衣無縫，使曹操完全落入圈套。火燒連環船後，曹操大敗而逃，遭到周瑜六路大軍的截襲。諸葛亮又在烏林、葫蘆口、華容道三處設伏，打得曹操全軍覆沒。

赤壁之戰是一項有系統而又龐大的謀略工程，因爲計計相連，環環相扣，故而稱之爲連環計。

【第36計】

走為上計

【原文】

全師避敵。左次無咎，未失常也。

【注釋】

全師：師，指軍隊。全，保全。句意為：保存軍事力量。

避敵：避開敵人。

左次無咎，未失常也：《易經．師卦》說：「左次，無咎，未失常也」。師是指軍隊、用兵。左次，是指軍隊向後撤退。古時兵家尚右，右為前，指前進；左為後，指退卻。全句意思為：部隊後撤，以退為進，不失為常道。

【譯文】

全軍退卻，避開強敵，保存實力。以退為進，尋找戰機，伺機破敵，這並不違背正常的用兵原則。

【計名探源】

走爲上計，指在敵我力量懸殊的不利形勢下，採取有計劃地主動撤退，避開強敵，尋找戰機。當退則退，這在謀略中也不爲失一種上策。

「三十六計，走爲上計。」語出自《南齊書．王敬則傳》：「檀公三十六計，走爲上計。」檀公指南朝名將檀道濟，相傳著有《檀公三十六計》，但未見文本流傳於世。

走爲上計，是指在我方不如敵方的情況下，爲了保存實力而主動撤退。所謂上計，並不是說「走」在三十六計中是最好的計策，而是說，在敵強我弱的情況下，我方有幾種選擇：求和、投降、死拼、撤退。四種選擇中，前三種完全沒有出路，是徹底的失敗。只有第四種撤退，可以保存實力，等待戰機捲土重來，這是最好的抉擇，因此說「走」爲上。

蔡瑁設鴻門宴，劉備躍馬走檀溪

蔡瑁並不是要降服劉備，而是要殺掉劉備，求和、投降都是死路一條，如果死拼，估計也不會有什麼好結果。為今之計只有一條路可以走，就是逃跑。

《三國演義》中走爲上計的例子並不多，最精采的莫過於劉備馬躍檀溪了。劉備馬躍檀溪，情況與當年劉邦鴻門宴逃命如出一轍。

項羽、劉邦一同起兵反秦，項羽勢大，劉邦勢弱。項羽手下謀士范增爲項羽謀劃，擺下鴻門宴要乘機除掉劉邦，項羽猶豫再三拿不定主意，使得劉邦藉上廁所之機逃脫，這就是楚漢相爭的鴻門宴。

劉備被曹操追殺，只好投奔荊州刺史劉表。劉表倒也厚待劉備，讓劉備引本部人馬到襄陽郡屬邑新野屯駐。

某日，劉表忽然遣使至新野，請劉備前赴荊州相會。劉備隨使者而往，劉表請劉備入後堂飲宴。

酒酣耳熱之際，劉表忽然淚下。劉備忙問其故，劉表說：「我有心事，一直想告訴賢弟，只是沒有合適的時間。」

劉備說：「兄長有什麼難以決斷的事，不妨跟兄弟直言，倘有用弟之處，弟當萬死不辭。」

劉表說：「只是為立儲一事犯難，前妻陳氏所生長子劉琦，為人雖賢，卻柔弱不足以立大事；後妻蔡氏所生少子劉琮，頗為聰明。我欲廢長立幼，恐礙於禮法；欲立長子，怎奈蔡氏宗族中皆掌軍務，後必生亂，因此猶豫不定。」

劉備說：「自古廢長立幼，取亂之道。若顧慮蔡氏權重，須削弱之，不可以溺愛而立少子。」

劉表默然，劉備自知失語，託醉告辭，回館舍安歇。不料，劉備和劉表的談話，全被躲在屏風後面的蔡夫人偷聽了。

蔡夫人深恨劉備，當日便和其弟蔡瑁兩次密謀殺害劉備，均未得逞。

劉備星夜回到新野，不久使者又到，蔡瑁以劉表的名義，請劉備到襄陽主持眾官的宴會。趙雲怕有意外，引三百馬步軍同往。

蔡瑁出城迎接，隨後劉琦、劉琮引文官武將出迎。劉備見二公子俱在，便未生疑忌，於館舍暫歇。趙雲引三百軍圍繞保護，行坐不離左右。

次日，大張筵席，趙雲帶劍立於劉備之側。

劉表部屬文聘等按蔡瑁「先引開趙雲，然後行事」的安排，請趙雲也去赴席，趙雲推辭不去。後來，劉備令他就席，只得勉強應命而出。

此時，蔡瑁在外早已收拾得猶如鐵桶，劉備帶來的三百軍士被遣歸館舍。開宴後，酒至三巡，得知蔡瑁陰謀的伊籍藉把盞之機，以目視劉備，低聲說：「請更衣。」

劉備會意，立即起身入廁。伊籍隨後疾入，找到劉備，附耳告訴說：「蔡瑁設計要殺害你，城外東、南、北三處皆有守軍，惟西門可走，快逃吧！」

劉備大驚，急忙去後園解開的盧馬，飛身上馬，逕往西門而走。門吏攔問，劉備不答，快馬加鞭馳出。門吏飛報蔡瑁，蔡瑁立即引五百軍隨後追趕。

劉備撞出西門，跑了沒有幾里路，前有檀溪攔住。檀溪闊有數丈，其波甚急。劉備到溪邊，見難以渡越，勒馬再回，追兵已近，只得縱馬下溪。走了數步，偏又馬陷前蹄，衣袍盡濕。

劉備加鞭大呼道：「的盧！的盧！你眞要送我一死嗎？」話音未落，那馬忽從水中躍身而起，一躍三丈，飛上西岸。

劉備本是寄人籬下，遭小人陷害，卻又無法分辯，只能一走了之，逃避禍端。根據當時情況分析，劉備有四條路可以走：一、求和，二、投降，三、死拚，四、撤退。

但當時前三條路根本行不通。

蔡瑁並不是要降服劉備，而是要殺掉劉備，求和、投降都是死路一條；第三條路也很難行通，如果死拚，估計也不會有什麼好結果。趙雲縱然神勇，但這是「鴻門宴」，絕非長阪坡，長阪坡前曹操下令要活捉，不然面對曹兵的明槍暗箭，恐怕趙雲很難殺個七進七出。

蔡瑁誓殺劉備，如果劉備與趙雲拚死抵抗，保不準蔡瑁就會萬箭齊發，兩人能不能全身而退就難說了。爲今之計只有一條路可以走，就是逃跑。好在有伊籍幫忙，爲劉備指明了逃跑路線，才使他得以走脫。

張飛鞭打督郵，劉備棄官遠走

生逢亂世，劉備本想做個清正為民之官，怎奈事與願違。如果殺掉督郵，必定會獲罪於朝廷，如不殺督郵，此處又再難以容身。為今之計，只有一走了之。

漢朝末年，黃巾起義，朝廷無力抵抗，劉備、關羽、張飛在桃園結義後，聚集了幾百人效命朝廷，建立了軍功。

不料，劉備聽候多日，僅被任命爲安喜縣尉。

劉備到任不到四個月，朝廷有旨：凡因爲軍功而當上官吏的都要淘汰。劉備懷疑自己也可能被淘汰，正趕上督郵來到縣裡巡查，便到館驛答話。

督郵問道：「劉縣尉是什麼出身？」

劉備說：「我是中山靖王之後。在涿郡起兵，經過大小三十餘戰，有些軍功。」

督郵大喝道：「你竟敢詐稱皇親，謊報功績！如今朝廷降旨，正是要淘汰你這種奸官汙吏。」

劉備喏喏而退，回到縣中，把事情經過告訴縣吏，縣吏說：「督郵無非是想要些錢財罷了。」

劉備說：「我上任以來秋毫無犯，哪有錢財給他？」

次日，督郵將縣吏提走，勒令他指稱縣尉害民。

恰巧張飛喝了幾杯悶酒，騎馬從館驛前經過，見好多人在館驛門前痛哭。張飛詢問原因，衆人說：「督郵逼著縣吏誣陷劉公。我等苦苦相求，也沒放人，還把我等趕了出來。」

張飛大怒，環眼睜圓，滾鞍下馬，衝進館驛，直奔後堂，只見督郵正在廳上坐著，縣吏被綁倒在地。

張飛大喝道：「害民賊！認得我嗎？」

督郵還沒來得及開口，就被張飛揪住頭髮扯出館驛，一直扯到縣衙門前的拴馬樁上捆住。張飛折下柳條朝著督郵猛打，一連打折了十幾根柳條。

劉備聽見縣衙前喧鬧，問左右才知張飛在打人，連忙帶著關羽去看明情況，見張飛打的是督郵大吃一驚，喝令張飛住手。

張飛說：「這等害民賊，留他做啥！」

督郵一見劉備來了忙哀求道：「玄德公救我性命！」

劉備連忙喝住張飛，關羽說：「兄長立了軍功，僅得到縣尉之職，反受這等小人的侮辱。荊棘叢中，終非鸞鳳棲身之所，不如殺督郵，遠走他鄉，再圖大計。」

劉備取出印綬，掛在督郵的脖子上，指責他道：「你害民非淺，本當殺戮。今且饒你性命。我繳還印綬，從此走了。」

生逢亂世，劉備本想做個清正爲民之官，怎奈事與願違。如果殺掉督郵，必定會獲罪於朝廷，如不殺督郵，此處又再難以容身。所以爲今之計，只有一走了之，也就是三十六計走爲上計。

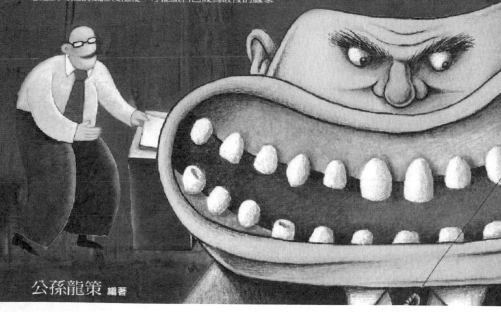

權謀經典

16

孫子兵法三十六計：三國奇謀妙計

作　　者　羅　策
社　　長　陳維都
藝術總監　黃聖文
編輯總監　王　凌
出 版 者　普天出版社
新北市汐止區康寧街 169 巷 25 號 6 樓
TEL / (02) 26921935 (代表號)
FAX / (02) 26959332
E-mail：popular.press@msa.hinet.net
http://www.popu.com.tw/
郵政劃撥 19091443 陳維都帳戶
總 經 銷　旭昇圖書有限公司
新北市中和區中山路二段 352 號 2F
TEL / (02) 22451480 (代表號)
FAX / (02) 22451479
E-mail：s1686688@ms31.hinet.net
法律顧問　西華律師事務所・黃憲男律師
電腦排版　巨新電腦排版有限公司
印製裝訂　久裕印刷事業有限公司
出 版 日　2019 (民 108) 年 12 月第 1 版
ISBN◉978-986-389-696-8　　條碼 9789863896968

國家圖書館出版品預行編目資料

孫子兵法三十六計：三國奇謀妙計／
羅策編著.—第 1 版.—：新北市,普天
民 108.12 面； 公分. - (智謀經典；16)
ISBN◉978-986-389-696-8 (平裝)